高等职业教育电子与信息大类"十四五"系列教材

网络服务器
搭建、配置与管理
(Windows Server 2019)

主 编◎何 洁 邱 宇

副主编◎赵宇枫 付 敏 朱雪珂

仅课教师可申请 可申请 课件PPT

华中科技大学出版社

http://press.hust.edu.cn

中国·武汉

U0370499

图书在版编目(CIP)数据

网络服务器搭建、配置与管理:Windows Server 2019/何洁,邱宇主编.—武汉:华中科技大学出版社,2022.12

ISBN 978-7-5680-9012-4

Ⅰ.①网… Ⅱ.①何… ②邱… Ⅲ.①Windows 操作系统-网络服务器-高等职业教育-教材

Ⅳ.①TP316.86

中国版本图书馆 CIP 数据核字(2022)第 246903 号

网络服务器搭建、配置与管理(Windows Server 2019)
Wangluo Fuwuqi Dajian、Peizhi yu Guanli(Windows Server 2019)

何 洁 邱 宇 主编

策划编辑:康 序

责任编辑:段亚萍

责任监印:朱 玢

出版发行:华中科技大学出版社(中国·武汉)　　电话:(027)81321913
　　　　　武汉市东湖新技术开发区华工科技园　　邮编:430223

录　　排:武汉创易图文工作室

印　　刷:武汉市籍缘印刷厂

开　　本:787mm×1092mm　1/16

印　　张:13.5

字　　数:346 千字

版　　次:2022 年 12 月第 1 版第 1 次印刷

定　　价:48.00 元

前言

PREFACE

本书采用项目导向、任务驱动的方式编写,引用大量企业实例,每个教学实训任务都融入课程思政,配置了任务情境描述、能力目标、知识准备、制订工作计划、任务实施、质量自检、交付验收、知识拓展和课后习题,将知识点融入实际任务的完成过程中,注重具体的实施方法和现实过程。

本书内容涉及操作系统的配置与管理、应用服务的配置与管理。所有教学内容分为三大项目:虚拟平台部署、Windows Server 2019 系统部署、SQL Server 2019 数据库部署,共计 17 个教学实训任务。设计的教学单元包括操作系统的安装,用户和组管理,VMware Workstation Player 虚拟平台部署,管理系统策略,配置 DHCP、WWW、DNS、FTP 等网络服务器等。

本书既可以作为高职院校物联网专业群、计算机应用技术专业、计算机网络技术专业、网络系统管理专业、软件技术专业及其他计算机类专业的理论与实践一体化教材,也可作为 Windows 系统管理和网络管理人员的自学指导书。

本书由重庆工业职业技术学院何洁、邱宇担任主编,重庆工业职业技术学院赵宇枫、付敏,重庆移通学院朱雪珂为副主编。其中何洁、邱宇编写了项目 2,赵宇枫、付敏编写了项目 3,朱雪珂编写了项目 1。由于水平有限,书中难免存在不妥和疏漏之处,敬请广大读者批评指正。

为了方便教学,本书还配有电子课件等资料,任课教师可以发邮件至 hustpeiit@163.com 索取。

编　者
2022 年 6 月

目录

CONTENTS

项目1

虚拟平台部署

项 目 目 标

- 了解虚拟机技术
- 掌握虚拟机下载方式
- 掌握虚拟机安装流程
- 掌握虚拟机配置步骤

建 议 学 时

- 4 学时

项 目 任 务

- 任务 1:安装 VMware Workstation Player 虚拟机
- 任务 2:配置 VMware Workstation Player 虚拟机

学习流程与活动

- 获取任务
- 制订计划
- 安装配置
- 质量自检
- 交付验收

任务 1 安装 VMware Workstation Player 虚拟机

◆ 一、任务情境描述

2021 年,全球受疫情影响各行各业都出现经济下滑情况。中国积极高效地管控疫情,促进各行业稳定发展。IDC《2021 年第二季度中国服务器市场跟踪报告》显示,2021 年上半年,中国服务器市场出货量为 170.6 万台,同比增长 8.9%;市场规模为 108.1 亿美元。从服务器子市场看,面向人工智能应用场景的加速计算服务器是中国服务器市场增长的核心驱动力。

服务器运维工程师最基本的职责是负责系统运行与维护并确保整个服务器的稳定性和高可用性,同时不断优化系统架构、提升部署效率、优化资源利用率等。通常在企业服务器中存储着大量企业信息数据,这些数据也是整个公司的核心。为了确保每次运维都能高效可靠地完成任务,运维工程师一般都需要在运维前进行部署测试,运维人员在服务器配置前可以使用虚拟机软件来搭建测试平台,减少每次运维操作中可能出现的故障错误。

服务器的安全管理与维护不仅需要专业的技术,还要建立科学的管理制度。要牢固树立安全意识,以安全技术为支撑,以安全管理与使用为落实手段,通过学习不断提高技术人员的专业技术水平和管理工作质量与水平,提供高质量的服务。

◆ 二、能力目标

- 能掌握下载 VMware Workstation Player 虚拟机;
- 能掌握安装 VMware Workstation Player 虚拟机。

◆ 三、知识准备

1. 认识虚拟机

虚拟机(Virtual Machine)指通过软件模拟的具有完整硬件系统功能的、运行在一个完全隔离环境中的完整计算机系统。在实体计算机中能够完成的工作在虚拟机中都能够实现。在计算机中创建虚拟机时,需要将实体机的部分硬盘和内存容量作为虚拟机的硬盘和内存容量。每个虚拟机都有独立的 CMOS、硬盘和操作系统,可以像使用实体机一样对虚拟机进行操作。

2. 虚拟机关键技术

虚拟机技术是虚拟化技术的一种,所谓虚拟化技术就是将事物从一种形式转变成另一种形式。最常用的虚拟化技术有操作系统中内存的虚拟化,实际运行时用户需要的内存空间可能远远大于物理机器的内存大小,利用内存的虚拟化技术,用户可以将一部分硬盘虚拟化为内存,而这对用户是透明的。虚拟系统和传统的虚拟机的不同之处在于:虚拟系统不会降低电脑的性能,启动虚拟系统不需要像启动操作系统那样耗费时间,运行程序更加方便快捷;虚拟系统只能模拟和现有操作系统相同的环境,而虚拟机则可以模拟出其他种类的操作系统;而且虚拟机需要模拟底层的硬件指令,所以在应用程序运行速度上比虚拟系统慢得多。虚拟机中所有操作都是在这个全新的独立虚拟系统里面进行,可以独立安装运行软件,保存数据,拥有自己的独立桌面,不会对真正的系统产生任何影响,而且具有能够在现有系统与虚拟镜像之间灵活切换的一类操作系统。流行的虚拟机软件有 VMware、VirtualBox和 Virtual PC,它们都能在操作系统上虚拟出多个计算机。

3. 常见虚拟机软件

①VMware Workstation。

VMware 是 EMC 公司旗下独立的软件公司,1998 年 1 月,Stanford 大学的 Mendel Rosenblum 教授带领他的学生 Edouard Bugnion 和 Scott Devine 及对虚拟机技术多年的研究成果创立了 VMware 公司,主要研究在工业领域应用的大型主机级的虚拟技术计算机,并于 1999 年发布了它的第一款产品:基于主机模型的虚拟机 VMware Workstation。今天VMware 是虚拟机市场上的领航者,其首先提出并采用的气球驱动程序、影子页表、虚拟设备驱动程序等均已被后来的其他虚拟机如 Xen 采用。使用 VMware,可以同时运行 Linux各种发行版、DOS、Windows 各种版本、UNIX 等,甚至可以在同一台计算机上安装多个Linux 发行版、多个 Windows 版本。图 1-1-1 是 VMware 企业网站。

图 1-1-1　VMware 企业网站

②VirtualBox。

VirtualBox 是一款开源虚拟机软件。VirtualBox 是由德国 Innotek 公司开发,由 Sun Microsystems 公司出品的软件,在 Sun 被 Oracle 收购后正式更名为 Oracle VM VirtualBox。Innotek 以 GNU General Public License(GPL)释出 VirtualBox,并提供二进制版本及 OSE 版本的代码。使用者可以在 VirtualBox 上安装并且执行 Solaris、Windows、DOS、Linux、OS/2 Warp、BSD 等系统作为客户端操作系统。已由甲骨文公司进行开发,是甲骨文公司 xVM 虚拟化平台技术的一部分。图 1-1-2 是 VirtualBox 企业网站。

图 1-1-2　VirtualBox 企业网站

③Virtual PC。

Virtual PC 是最新的 Microsoft 虚拟化技术。使用此技术可在一台计算机上同时运行多个操作系统。和其他虚拟机功能一样,Virtual PC 可以在你的电脑上同时模拟多台电脑,虚拟的电脑使用起来与一台真实的电脑一样,可以进行 BIOS 设定、硬盘分区、格式化、操作系统安装等操作。

◆ 四、制订工作计划

◆ 五、任务实施

1. 下载虚拟机软件

打开浏览器,进入 VMware 软件的官网网站,从"下载"菜单中选择"免费产品下载",再选择 Workstation Player 产品,如图 1-1-3 所示。弹出子页面后点击"立即下载"选项,如图 1-1-4 所示。VMware 虚拟机产品下载页面:https://www.vmware.com。

图 1-1-3　VMware 产品选择

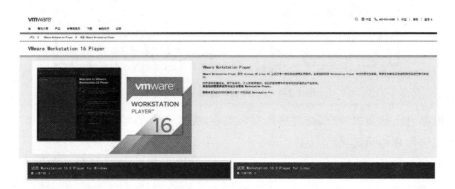

图 1-1-4　VMware 下载

2. 安装 VMware Workstation Player 虚拟机

（1）双击刚刚下载的 VMware Workstation Player 安装包，进入安装向导界面后点击"下一步"，如图 1-1-5 所示。

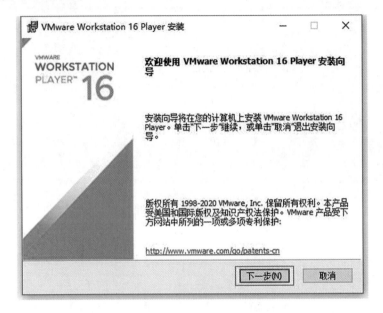

图 1-1-5　VMware 虚拟机安装向导

（2）勾选"我接受许可协议中的条款"，然后点击"下一步"，如图 1-1-6 所示。

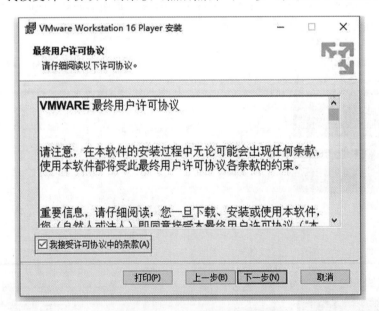

图 1-1-6　VMware 虚拟机许可协议

（3）根据自己的需求情况，配置软件安装路径，完成后点击"下一步"，如图 1-1-7 所示。

（4）勾选用户体验选项后，点击"下一步"，如图 1-1-8 所示。

（5）勾选快捷方式，后续可以通过桌面图标直接运行软件。然后点击"下一步"，如图 1-1-9 所示。

图 1-1-7　VMware 虚拟机安装路径选择

图 1-1-8　VMware 虚拟机用户体验设置

图 1-1-9　VMware 虚拟机快捷方式

（6）点击"安装"按钮，进行软件安装，如图 1-1-10 所示。

图 1-1-10　VMware 确认虚拟机安装开始

（7）等待几分钟后，将提示虚拟机安装完成，如图 1-1-11 和图 1-1-12 所示。

图 1-1-11　VMware 虚拟机安装过程

图 1-1-12　VMware 虚拟机安装完成

（8）双击桌面软件图标，启动 VMware Workstation Player 虚拟机，如图 1-1-13 所示。

图 1-1-13　启动 VMware 虚拟机

◆　**六、质量自检**

序　号	名　　称	完 成 情 况	备　注
1	桌面生成软件图标	□是　□否	
2	正常运行软件	□是　□否	
3	清理软件安装包	□是　□否	
4	整理器材与设备	□是　□否	

◆　**七、交付验收**

验 收 项 目	验 收 内 容	验 收 情 况
功能/性能	VMware 虚拟机软件安装路径 D:\VMware	
	系统桌面添加 VMware 快捷方式	
	正常开启运行 VMware 虚拟机	
程序	VMware 安装包	
用户手册	VMware 安装手册	
	VMware 配置手册	

验收人：　　　　　　　　　　　　　确认人：

◆ 八、知识拓展

1.计算机虚拟化技术

虚拟化是一个广义的术语，在计算机方面通常是指计算元件在虚拟的基础上而不是真实的基础上运行。虚拟化技术可以扩大硬件的容量，简化软件的重新配置过程。CPU的虚拟化技术可以使用单CPU模拟或多CPU并行，允许一个平台同时运行多个操作系统，并且应用程序都可以在相互独立的空间内运行而互不影响，从而显著提高计算机的工作效率。

虚拟化技术与多任务以及超线程技术是完全不同的。多任务是指在一个操作系统中多个程序同时运行，而在虚拟化技术中，则可以同时运行多个操作系统，而且每一个操作系统中都有多个程序运行，每一个操作系统都运行在一个虚拟的CPU或者是虚拟主机上；而超线程技术只是单CPU模拟双CPU来平衡程序运行性能，这两个模拟出来的CPU是不能分离的，只能协同工作。虚拟化技术也与如今VMware Workstation等同样能达到虚拟效果的软件不同，是一个巨大的技术进步，具体表现在减少软件虚拟机相关开销和支持更广泛的操作系统方面。

2.虚拟化技术优势

虚拟化技术所能提供的优势取决于客户的目标、所选择的特殊虚拟技术以及现有的IT基础架构。虚拟化技术具有如下优势：获得更高的资源利用率、降低管理成本、提高使用灵活性、提高安全性、更高的可用性、更高的可扩展性、互操作性和改进资源供应。

◆ 九、课后习题

1.选择题

(1)常见的虚拟机产品有哪些？（　　　）

A. VMware　　　　　B. VirtualBox　　　　C. Virtual PC　　　　D. 以上都有

(2)虚拟化技术优势不包括（　　　）。

A. 提高资源利用率　B. 降低管理成本　　　C. 提高安全性　　　　D. 价格便宜

(3)在虚拟机中可以模拟添加的设备包括（　　　）。

A. 网卡　　　　　　B. 磁盘　　　　　　　C. 声卡　　　　　　　D. 以上都不对

2.判断题

(1)VMware虚拟机可以安装多个不同操作系统。（　　　）

(2)虚拟化技术与多任务以及超线程技术是完全不同的。（　　　）

(3)流行的虚拟机软件有VMware、VirtualBox和Virtual PC。（　　　）

(4)VMware虚拟机产品只有付费版本。（　　　）

3.简答题

(1)请简述虚拟机可以提供什么功能。

配置 VMware Workstation Player 虚拟机

◆ 一、任务情境描述

完成 VMware Workstation Player 虚拟机安装后就可以对其进行创建和配置应用,本任务通过学习创建虚拟机和修改虚拟机配置信息来掌握 VMware 虚拟机常见配置方法。

◆ 二、能力目标

- 能掌握新建 VMware Workstation Player 虚拟机;
- 能掌握配置 VMware Workstation Player 虚拟机。

◆ 三、知识准备

自第一台计算机发明以来,计算机系统的技术已经得到了很大的发展,但计算机硬件系统的基本结构没有发生变化,仍然属于冯·诺依曼体系计算机。计算机硬件系统仍然由运算器、控制器、存储器、输入设备和输出设备 5 部分组成。计算机硬件系统是组成计算机的各种物理设备,也就是我们看得见、摸得着的实际物理设备,主要包含机箱、主板、电源、中央处理器、内存、硬盘、显示卡、输入设备、输出设备、CPU 风扇、蜂鸣器等,如图 1-2-1 所示。

图 1-2-1　计算机硬件组成

1. 中央处理器

中央处理器(简称 CPU)作为计算机系统的运算和控制核心,是信息处理、程序运行的最终执行单元。CPU 功能主要是解释计算机指令以及处理计算机软件中的数据。CPU 是计算机中负责读取指令、对指令译码并执行指令的核心部件。中央处理器主要包括两个部分,即控制器、运算器,其中还包括高速缓冲存储器及实现它们之间联系的数据、控制的总线。

2. 主板

主板又叫系统板,是计算机最基本也是最重要的部件之一,在整个计算机系统中扮演着举足轻重的角色。主板制造质量的高低，决定了硬件系统的稳定性。主板与 CPU 关系密切，也是主机箱内面积最大的一块印刷电路板。主板的主要功能是传输各种电子信号，部分芯片也负责初步处理一些外围数据。计算机主机中的各个部件都是通过主板来连接的，计算机在正常运行时对系统内存、存储设备和其他 I/O 设备的操控都必须通过主板来完成。

3. 内存

内存也称内存储器和主存储器，它用于暂时存放 CPU 中的运算数据，以及与硬盘等外部存储器交换的数据。内存是外存与 CPU 进行沟通的桥梁，计算机运行时操作系统会把需要运算的数据从内存调到 CPU 中进行运算，当运算完成后 CPU 将结果传送出来。内存性能的强弱影响计算机整体发挥的水平。

4. 硬盘

硬盘是计算机最主要的存储设备，正常运行的大部分软件都存储在硬盘上。如果从存储数据的介质上来区分，硬盘可分为机械硬盘（Hard Disk Drive，HDD）和固态硬盘（Solid State Disk，SSD），机械硬盘采用磁性碟片来存储数据，而固态硬盘通过闪存颗粒来存储数据。

5. 网卡

网卡是一块被设计用来允许计算机在计算机网络上进行通信的计算机硬件。每一个网卡都有一个被称为 MAC 地址的独一无二的 48 位串行号，它被写在卡上的一块 ROM 中，用户可以通过电缆或无线相互连接，在网络上的每一个计算机都必须拥有一个独一无二的 MAC 地址。

◆　四、制订工作计划

◆　五、任务实施

1. 新建 VMware Workstation Player 虚拟机

（1）运行已安装的 VMware Workstation Player 虚拟机，点击"创建新虚拟机"链接，如

图 1-2-2 所示。

图 1-2-2　创建虚拟机

（2）选择"稍后安装操作系统"选项，如图 1-2-3 所示。若有操作系统安装包，可以直接选择安装程序光盘路径。设置后点击"下一步"按钮。

图 1-2-3　选择安装源

（3）设置拟安装的操作系统名称，如图 1-2-4 所示。这里只是虚拟机中显示的名称信息，不是具体的操作系统，设置后点击"下一步"按钮。

（4）设置虚拟机名称和保存路径，如图 1-2-5 所示，设置后点击"下一步"按钮。

图 1-2-4　选择拟安装的操作系统

图 1-2-5　虚拟机保存路径及名称

（5）设置新建虚拟机中硬盘空间大小，如图 1-2-6 所示，设置后点击"下一步"按钮。

（6）查看配置信息，如图 1-2-7 所示，设置确认后点击"完成"按钮。

图 1-2-6 虚拟机磁盘空间设置

图 1-2-7 虚拟机配置信息查看

(7)新建完成后,虚拟机主界面会显示刚刚创建的虚拟机名称,如图1-2-8所示。

2. 配置 VMware Workstation Player 虚拟机

(1)选中新建的虚拟机,点击鼠标右键,选择"设置"选项,如图1-2-9所示。

(2)虚拟机设置窗口可以再次更改虚拟机参数信息,如内存、处理器、硬盘、CD\DVD、网

图 1-2-8 虚拟机新建完成

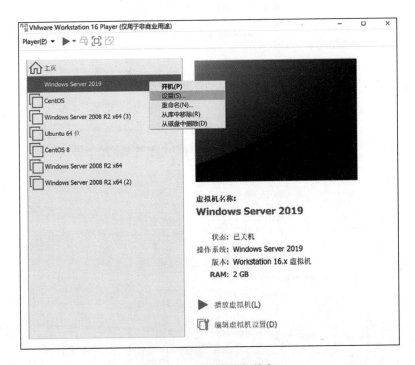

图 1-2-9 修改虚拟机信息

络适配器等数据，如图 1-2-10 所示。

（3）点击"CD/DVD"选项，右侧可以添加操作系统安装 ISO 文件（系统安装将在项目 2
讲解），如图 1-2-11 所示。选中"使用 ISO 映像文件"，点击"浏览"按钮，如图 1-2-12 所示，可
以加载系统安装 ISO 包。

图 1-2-10　虚拟机设置

图 1-2-11　CD/DVD 选项

（4）点击"网络适配器"选项，如图 1-2-13 所示。右侧可以进行网卡连接方式修改，如桥

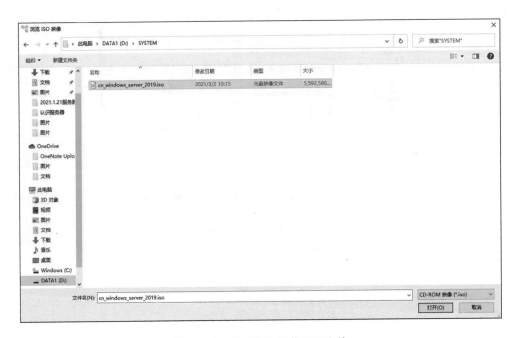

图 1-2-12　CD/DVD 加载 ISO 文件

接模式、NAT 模式、仅主机模式等。点击"桥接模式"并选中"复制物理网络连接状态"，然后点击"配置适配器"按钮，如图 1-2-14 所示，选择物理机网络适配器（名称查看方法见本任务知识拓展）。

图 1-2-13　网络适配器

图 1-2-14 自动桥接设置

◆ 六、质量自检

序 号	名 称	完 成 情 况	备 注
1	虚拟机软件正常运行	□是 □否	
2	虚拟机新建成功	□是 □否	
3	虚拟机网络桥接模式配置	□是 □否	
4	整理软件安装包	□是 □否	
5	整理器材与设备	□是 □否	

◆ 七、交付验收

验 收 项 目	验 收 内 容	验 收 情 况
功能	正常运行虚拟机软件	
	创建名为 cqcet 的虚拟机	
	获取物理机网卡名称	
性能	虚拟机内存容量 3 GB	
	虚拟机硬盘容量 40 GB	
	虚拟机网络桥接模式	
程序		
用户手册		

验收人：   确认人：

◆ **八、知识拓展**

计算机网络适配器（网卡）名称查看：

（1）右键点击左下角"开始"状态栏，如图 1-2-15 所示，选择"运行"选项。

（2）输入"cmd"命令，点击"确定"按钮，如图 1-2-16 所示。

图 1-2-15 菜单栏　　　　　　　　　图 1-2-16 运行命令窗口

（3）输入"systeminfo"命令，如图 1-2-17 所示，再点击回车按钮。

图 1-2-17 命令提示符窗口

（4）查看本机网络适配器信息，如图 1-2-18 所示。在图中［01］代表无线网卡型号，［02］代表有线网卡型号，这样就可以知道计算机的网卡型号。

图 1-2-18 网络适配器名称

◆ 九、课后习题

1.选择题

（1）计算机机箱中常见的设备包含（　　　）。

A. 中央处理器　　　　B. 内存　　　　　　　C. 硬盘　　　　　　　D. 投影仪

（2）计算机网络适配器的主要功能是（　　　）。

A. 接收数据　　　　B. 发送数据　　　　　C. 处理数据　　　　　D. 以上都不是

（3）内存也称内存储器和主存储器，它用于（　　　）。

A. 暂时存放 CPU 中的运算数据

B. 暂时存放与硬盘等外部存储器交换的数据

C. 程序加载时临时存储数据

D. 以上都包含

2.填空题

（1）输入＿＿＿＿＿＿＿＿命令可以查看本机网络适配器信息。

（2）＿＿＿＿＿＿＿＿是计算机最主要的存储设备，正常运行的大部分软件都存储在该设备上。

（3）＿＿＿＿＿＿＿＿又叫系统板，是计算机最基本也是最重要的部件之一。

3.简答题

（1）请描述冯·诺依曼体系结构的计算机由哪几部分组成。

项目2

Windows Server 2019系统部署

项目目标

- 了解网络操作系统技术
- 了解计算机网络基础
- 了解服务器技术基础
- 掌握 Windows Server 2019 搭建方法
- 掌握 Windows Server 2019 应用服务平台部署方法
- 掌握 Windows Server 2019 系统备份与还原

建议学时

- 22 学时

项目任务

- 任务 1：安装 Windows Server 2019 操作系统
- 任务 2：操作系统网络配置与测试
- 任务 3：操作系统名称设置与系统更新
- 任务 4：操作系统用户创建与远程桌面连接
- 任务 5：Web 服务器安装与配置
- 任务 6：FTP 服务器安装与配置
- 任务 7：Windows Admin Center 安装与配置
- 任务 8：DNS 服务器安装与配置
- 任务 9：DHCP 服务器安装与配置
- 任务 10：操作系统活动目录搭建与终端域接入
- 任务 11：Windows Server 2019 操作系统备份与还原

学习流程与活动

- 获取任务
- 制订计划
- 安装配置
- 质量自检
- 交付验收

任务 1　安装 Windows Server 2019 操作系统

◆ 一、任务情境描述

电子商务服务业属于电子商务生态系统中的重要组成部分，中国经过近十年的迅猛发展，在物流快递、在线支付和电子认证等服务业发展推动下，电子商务服务业快速发展。2020 年是新中国历史上极不平凡的一年，面对严峻复杂的形势任务、前所未有的风险挑战，中国电商服务业保持良好发展势头，从年初受疫情较大冲击中迅速恢复。2020 年，全年电子商务服务业营业收入达 5.45 万亿元，同比增长 21.88%。

　　大家一定使用过 QQ 或微信等即时聊天软件，通过手机、电脑浏览过因特网信息，或者通过网络观看过视频和直播等多媒体资源。这些应用都基于服务器上的网络操作系统和应用平台来支撑，本任务将介绍服务器和网络操作系统概要以及如何下载、安装网络操作系统。

◆　二、能力目标

- 能了解服务器概论；
- 能了解网络操作系统概论；
- 能掌握下载 Windows Server 2019 操作系统方法；
- 能掌握安装 Windows Server 2019 操作系统步骤。

◆　三、知识准备

1. 认识服务器

　　服务器是计算机的一种，它比普通计算机运行更快、负载更高、价格更贵，如图 2-1-1 所示。服务器在网络中通常为其他客户机（如 PC 机、智能手机、ATM 等终端）提供计算或者应用服务。服务器具有高速的 CPU 运算能力、长时间的可靠运行能力、强大的 I/O 外部数据吞吐能力以及更好的扩展性。根据服务器所提供的服务，一般来说服务器都具备承担响应服务请求、承担服务、保障服务的能力。服务器作为电子设备，其内部的结构十分复杂，但与普通的计算机内部结构相差不大，包含 CPU、硬盘、内存、输入输出设备等，如图 2-1-2 所示。

图 2-1-1　常见的服务器

图 2-1-2　服务器结构

2.服务器分类

从不同角度观察服务器,可以对服务器有不同的分类方法。

(1)根据服务器的功能不同,可以把服务器分成文件/打印服务器、数据库服务器、应用程序服务器,如图 2-1-3 所示。

图 2-1-3　服务器分类

文件/打印服务器是最早的服务器种类,它可以执行文件存储和打印机资源共享的服务,这种服务器在办公环境里得到了广泛应用,如图 2-1-4 所示。

图 2-1-4　文件/打印服务器

数据库服务器运行一个数据库系统软件,用于存储和操纵数据,向用户提供数据增、删、改、插等操作服务,如图 2-1-5 所示。

图 2-1-5　数据库服务器

应用程序服务器也是一种广泛应用在商业系统中的服务器,如 Web 服务器、E-mail 服务器、新闻服务器、代理服务器,这些服务器都是因特网中的典型应用,它们能完成主页的存储和传送、电子邮件服务、新闻组服务等,如图 2-1-6 所示。

(2)根据服务器的规模不同,可以将服务器分成工作组服务器、部门级服务器和企业级服务器。这类服务器主要是根据服务器应用环境的规模来分类,比如小型企业中有十台左

图 2-1-6   应用程序服务器

右客户机应用的需求场景,这适合使用工作组服务器。这种服务器往往采用 1 个处理器、较小的硬盘容量和一般网络吞吐能力,如图 2-1-7 所示。

图 2-1-7   工作组服务器

如果企业有几十台客户机应用需求场景,这适合使用部门级服务器。部门级服务器相对工作组服务器的数据处理能力要强,往往采用 2 个处理器、较大的内存和磁盘容量,磁盘 I/O 和网络 I/O 的能力也较强,如图 2-1-8 所示。

图 2-1-8   部门级服务器

而企业级的服务器往往服务百台以上的客户机,为了承担对大量服务请求的响应,这种服务器往往采用 4 个以上的处理器,有大量的硬盘和内存空间,并且能够进一步扩展以满足更高的需求,同时由于要应付大量的访问,所以这种服务器的网络速度和磁盘读取速度要求较高,往往要采用多个网卡和多个硬盘并行处理,如图 2-1-9 所示。

企业级服务器

4 ～ 8个CPU结构

满足中高型网络用户

大容量空间

图 2-1-9　企业级服务器

(3)根据体系结构不同,服务器可以分成 IA(采用英特尔处理器)架构服务器和 RISC(精简指令集)架构服务器。IA 架构的服务器采用的是 CISC 体系结构,即复杂指令集体系结构,这种体系结构的特点是指令较长,指令的功能较强,单个指令可执行的功能较多,这样我们可以通过增加运算单元,使一个指令所执行的功能能够并行执行来提高运算能力。RISC 架构服务器采用的 CPU 是精简指令集的处理器,精简指令集 CPU 的主要特点是采用定长指令,使用流水线执行指令,这样一个指令的处理可以分成几个阶段,处理器设置不同的处理单元执行指令的不同阶段。

3. 服务器特性

服务器硬件都经过专门的开发,不同厂商的服务器很多还具有不同的专项技术,因此服务器的成本和售价远远高于普通 PC,从数千元到百万或千万级,甚至上亿元的大型服务器。在企业中,企业的业务会不断增长或变动,对于服务器的性能需求也会随之增长。所以如果服务器没有良好的扩展性,就不能适应未来一段时间企业业务扩展的需求,一台昂贵的服务器在很短时间内就被淘汰,这想必是企业无法承受的。如图 2-1-10 所示,服务器的扩展性一般体现在处理器、内存、硬盘以及 I/O 等部分,如处理器插槽数目、内存插槽数目、硬盘托架数目和 I/O 插槽数目等。

处理器

内存

硬盘

I/O设备

图 2-1-10　服务器扩展性

不过服务器的扩展性也会受到服务器机箱类型的限制，如塔式服务器具备较大的机箱，扩展性一般要优于密集型部署设计的机架式服务器，如图 2-1-11 所示。为了保持可扩展性，通常需要在服务器上具备一定的可扩展空间和冗余件。

塔式服务器   机架式服务器

图 2-1-11   服务器机箱分类

服务器的可用性也可以看成"可靠性"，即所选服务器能满足长期稳定工作的要求。比如金融、航空、医疗等特殊领域，对服务器的工作要求几乎要达到"永不中断"，一旦服务器出现故障，造成的损失不可估量，如图 2-1-12 所示。所以说服务器的可用性至关重要，为了达到高可用性，服务器部件都经过专门设计，如处理器降低频率、提升工艺手段等来降低发热量，对内存采用纠错和镜像技术提升可靠性，磁盘上采用热插拔、磁盘阵列等技术对数据提供保护。

图 2-1-12   服务器可靠性

服务器的易管理性可以帮助企业人员及时管理、监控服务器工作状态，及时发现并排除服务器故障，降低服务器出现故障造成的损失。目前大部分服务器产品都具备丰富的管理特性，如采用免工具拆卸、硬件模块化设计、远程报警监控系统等，如图 2-1-13 所示。

服务器的易使用性表现在机箱和部件是否容易拆装，设计是否人性，管理系统是否丰富便捷，有无专业和快捷的服务，等等。

远程管理系统　　　　免拆装工具　　　　硬件模块化

图 2-1-13　服务器易管理性

4. 认识网络操作系统

网络操作系统是运行在服务器硬件之上的计算机软件,网络操作系统是一种面向计算机网络的操作系统,借由网络达到互相传递数据与各种消息,允许网络中的多台计算机访问共享资源。在服务器中,网络操作系统处在服务器硬件层之上、应用服务层之下,网络操作系统主要负责管理与配置服务器硬件资源、决定系统资源与应用服务程序的供需优先次序、管理文件系统等基本事务。用户可以使用终端设备如 PC、智能手机等工具,通过网络访问服务器操作系统,如图 2-1-14 所示。网络操作系统内部由网络驱动程序、网络通信协议和应用层协议三个部分组成。网络驱动程序主要提供网络操作系统与网络硬件相互通信服务,网络通信协议是网络收发数据的协议,应用层协议通常与网络通信协议交互,为用户提供应用服务,如图 2-1-15 所示。

图 2-1-14　网络操作系统结构

5. 网络操作系统特点

网络操作系统通常具有复杂性、并行性、高效性和安全性等特点。

(1)复杂性。

网络操作系统一方面要对全网资源进行管理,以实现整个网络的资源共享,另一方面还要负责计算机间的通信与同步。

(2)并行性。

网络操作系统在每个节点上的程序都可以并发执行,一个用户作业既可以在本地运行,也可以在远程节点上运行。在本地运行时,还可以分配到多个处理器中并行操作。

(3)高效性。

网络操作系统多采用多用户、多任务工作方式,使系统运行时具有更高的效率。

图 2-1-15　网络操作系统内部组成

（4）安全性。

网络操作系统提供访问控制策略、系统安全策略和多级安全模型等技术服务，保障系统运行安全。

6.网络操作系统工作模式

网络操作系统的工作模式可以分为集中模式、客户机/服务器模式、对等模式。

（1）集中模式。

集中式网络操作系统是由分时操作系统加上网络功能演变的。系统的基本单元是由一台主机和若干台与主机相连的终端构成，信息的处理和控制是集中的。

（2）客户机/服务器模式。

这种模式是最流行的网络工作模式。服务器是网络的控制中心，并向客户机提供服务。

（3）对等模式。

采用对等模式的站点都是对等的，既可以作为客户访问其他站点，又可以作为服务器向其他站点提供服务。这种模式具有分布处理和分布控制的功能。

7.网络操作系统分类

根据不同的公司和操作系统内部结构划分，目前市面上主流的网络操作系统可以分为Windows 类、Linux 类、UNIX 类等。

（1）Windows 类。

Windows Server 系列是微软在 2003 年 4 月 24 日推出的服务器操作系统，其核心是Microsoft Windows Server System，Windows Server 2019 如图 2-1-16 所示。Windows 类网络操作系统在界面图形化、多用户、多任务、网络支持、硬件支持等方面都有良好表现。

（2）Linux 类。

Linux 类网络操作系统，最大的特点就是源代码开放，可以免费得到许多应用程序。Linux 继承了 UNIX 以网络为核心的设计思想，是一种性能稳定的多用户网络操作系统。Linux 有上百种不同的发行版，目前也有中文版本的 Linux，如红帽子、红旗 Linux、CentOS等，如图 2-1-17 所示。

（3）UNIX 类。

UNIX 类网络操作系统在计算机操作系统的发展史上占有重要的地位，它有着高稳定

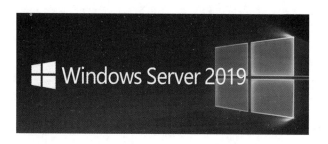

图 2-1-16　Windows Server 2019

图 2-1-17　CentOS

性和高安全性特性。UNIX 一般用于大型的网站或大型的企事业局域网中,如图 2-1-18 所示。UNIX 和 Linux 最大的区别在于前者是对源代码实行知识产权保护的传统商业软件。

图 2-1-18　UNIX

◆　四、制订工作计划

◆　五、任务实施

1. 下载 Windows Server 2019 安装包

（1）Windows Server 2019 是微软公司推出的网络操作系统，通过在浏览器中输入 Windows Server 2019 官方地址（https://www.microsoft.com/zh-cn/windows-server）下载安装文件，如图 2-1-19 所示。点击"马上尝试 Windows Server"按钮，进入下载页面。

图 2-1-19　Windows Server 2019 主页

（2）选择"下载免费试用版"，如图 2-1-20 所示。

图 2-1-20　Windows Server 2019 下载

（3）选择"ISO"Windows Server 2019 安装包类型，如图 2-1-21 所示。

Windows Server 评估

Windows Server 2019
评估版 | 180 天

除了您的 Windows Server 2019 试用版体验之外，您还可以按需下载适用于 Server Core 的一个新功能 - App Compatibility FOD。此 FOD 包含来自桌面体验的其他功能，可提升用于故障排除和调试的应用等工具在 Server Core 上的兼容性。使用 DISM 命令可以将按需 Windows 功能添加到部署之前的映像中，或者添加到正在运行的计算机上。了解有关 Server Core App Compatibility FOD 的更多信息。下载此 FOD。如需了解更多有关 FODs 的一般信息以及 DISM 命令的信息，请访问 DISM Capabilities Package Servicing。

免费上手

⦿ ISO
○ Azure
○ VHD

继续

⊕ 说明

图 2-1-21　Windows Server 2019 安装包类型

（4）填写表格信息后,点击"继续"按钮即可下载 Windows Server 2019 系统安装包,如图 2-1-22 所示。

图 2-1-22　信息填写

2. 安装 Windows Server 2019 操作系统

（1）创建虚拟机并加载 Windows Server 2019 操作系统 ISO 文件,如图 2-1-23 所示。参考项目 1 的任务 2。

图 2-1-23　虚拟机加载安装包

（2）运行虚拟机后,开始进入安装向导,如图 2-1-24 所示。若不能进入安装向导,可重新运行虚拟机或虚拟机开机后快速按任意键。

（3）选择安装系统语言、时间和输入法,确认后点击"下一步",如图 2-1-25 所示。

（4）点击"现在安装"按钮,进行安装,如图 2-1-26 所示。点击后系统有几分钟数据加载启动等待,如图 2-1-27 所示。

图 2-1-24　进入安装向导

图 2-1-25　系统安装参数选择

图 2-1-26　确认安装界面

图 2-1-27　等待系统加载启动

（5）选择"Windows Server 2019 Standard(桌面体验)"版本，点击"下一步"按钮，如图 2-1-28 所示。

图 2-1-28　系统版本选择

（6）勾选"我接受许可条款"，点击"下一步"，如图 2-1-29 所示。

图 2-1-29　协议接受勾选

(7)选择"自定义"安装模式,如图 2-1-30 所示。

图 2-1-30　安装模式选择

(8)选择"新建",进行磁盘空间划分,如图 2-1-31 所示。

图 2-1-31　磁盘管理

(9)根据个人需求设置磁盘分区大小,如图 2-1-32 所示。本任务设置 50 GB 左右的主分区,保留 10 GB 左右扩展分区,后续任务将使用,如图 2-1-33 所示,完成后点击"下一步"。

图 2-1-32　磁盘分区

图 2-1-33　系统分区设置

（10）系统进入安装加载界面，如图 2-1-34 所示。

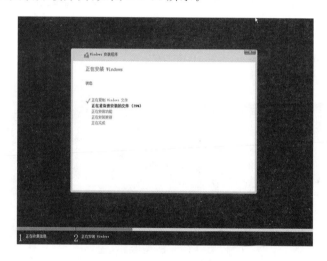

图 2-1-34　系统安装加载等待

（11）设置 Windows Server 2019 操作系统登录密码，如图 2-1-35 所示。设置完成后点击"完成"按钮。

图 2-1-35　设置登录密码

（12）输入刚刚设置的密码，点击登录，如图 2-1-36 所示。

图 2-1-36　系统登录界面

（13）顺利完成 Windows Server 2019 系统安装，登录后就进入系统桌面，如图 2-1-37 所示。

图 2-1-37　Windows Server 2019 系统桌面

◆　六、质量自检

序　号	名　称	完成情况	备　注
1	正常运行虚拟机软件	□是　□否	
2	能进入 Windows Server 2019 系统	□是　□否	
3	清理软件安装包	□是　□否	
4	整理器材与设备	□是　□否	

七、交付验收

验 收 项 目	验 收 内 容	验 收 情 况
功能	运行 Windows Server 2019 系统	
性能	划分 70 GB 磁盘空间，其中主分区为 50 GB，扩展分区 20 GB	
程序	系统安装包	
用户手册		

验收人：　　　　　　　　　　　　确认人：

八、知识拓展

Windows Server 2019 是微软公司研发的服务器操作系统，于 2018 年 10 月 2 日发布，同年 10 月 25 日正式商用。Windows Server 2019 基于 Long-Term Servicing Channel 1809 内核开发，相较于之前的 Windows Server 版本主要围绕混合云、安全性、应用程序平台、超融合基础设施（HCI）四个关键主题实现了很多创新。

1. Windows Server 2019 操作系统版本对比

Windows Server 2019 包括三个许可版本：Datacenter Edition（数据中心版），适用于高虚拟化数据中心和云环境；Standard Edition（标准版），适用于物理或最低限度虚拟化环境；Essentials Edition（基本版），适用于最多 25 个用户或最多 50 台设备的小型企业。数据中心版本和标准版功能对比如表 2-1-1 所示。

表 2-1-1　**Windows Server 2019 系统版本对比**

功　　能	Windows Server 2019 Standard	Windows Server 2019 Datacenter
可用作虚拟化主机	支持；每个许可证允许运行 2 台虚拟机以及 1 台 Hyper-V 主机	支持；每个许可证允许运行无限台虚拟机以及一台 Hyper-V 主机
Hyper-V	支持	支持；包括受防护的虚拟机
网络控制器	不支持	支持

续表

功　能	Windows Server 2019 Standard	Windows Server 2019 Datacenter
容器	支持（Windows 容器不受限制；Hyper-V 容器最多为 2 个）	支持（Windows 容器和 Hyper-V 容器不受限制）
主机保护对 Hyper-V 支持	不支持	支持
存储副本	支持（1 种合作关系和 1 个具有单个 2TB 卷的资源组）	支持，无限制
存储空间直通	不支持	支持
继承激活	托管于数据中心时作为访客	可以是主机或访客

2. Windows Server 2019 操作系统硬件要求

Windows Server 2019 操作系统于 2018 年 10 月 25 日正式商用。最低服务器硬件要求如表 2-1-2 所示。

表 2-1-2　Windows Server 2019 操作系统配置要求

硬　　件	最低配置要求
处理器	1.4 GHz 64 位处理器
	与 x64 指令集兼容
	支持 NX 和 DEP
	支持 cmpxchg16b、LAHF/SAHF 和 PREFETCHW
	支持二级地址转换（EPT 或 NPT）
RAM	512 MB（对于带桌面体验的服务器安装选项为 2 GB）
	用于物理主机部署 ECC（纠错代码）类型或类似技术
存储控制器	符合 PCI Express 体系结构规范的存储适配器
	硬盘驱动器的永久存储设备不能为 PATA
	不允许将 ATA/PATA/IDE/EIDE 用于启动驱动器、页面驱动器或数据驱动器
磁盘空间	32 GB
网络适配器	至少有千兆位吞吐量的以太网适配器
	符合 PCI Express 体系结构规范
其他	DVD 驱动器（如果要从 DVD 媒体安装操作系统）

◆　**九、课后习题**

1. 填空题

（1）Windows Server 2019 是微软公司研发的＿＿＿＿＿＿＿操作系统。

(2)网络操作系统是运行在服务器硬件之上的计算机_____。

(3)根据体系结构不同,服务器可以分成_____架构服务器和_____架构服务器。

(4)根据服务器的功能不同,可以把服务器分成文件/打印服务器、_____、

_____。

(5)服务器具有高速的 CPU 运算能力、长时间的可靠运行能力、强大的 I/O 外部_____能力以及更好的扩展性。

2.判断题

(1)服务器内部结构包含 CPU、硬盘、内存、系统、输入输出设备等。(   )

(2)文件/打印服务器是最早的服务器种类,它可以执行文件存储和打印机资源共享的服务。(   )

(3)应用程序服务器也是一种广泛应用在商业系统中的服务器。(   )

(4)根据服务器的规模不同,可以将服务器分成工作组服务器、部门级服务器和企业级服务器。(   )

(5)服务器硬件都经过专门的开发,不同厂商的服务器还具有不同的专项技术。(   )

任务 2　操作系统网络配置与测试

◆　一、任务情境描述

Windows Server 2019 操作系统安装完成后,就需要对系统网络进行配置,方便后续远程连接和应用服务器的访问。

◆　二、能力目标

- 能了解网络 IP 地址结构;
- 能掌握 Windows Server 2019 操作系统网络配置方法;
- 能掌握 Windows Server 2019 操作系统网络测试步骤。

◆　三、知识准备

1.计算机网络定义

计算机网络是指将地理位置不同的具有独立功能的多台计算机及其外部设备,通过通信线路连接起来,在网络操作系统、网络管理软件及网络通信协议的管理和协调下,实现资源共享和信息传递的计算机系统。

2.计算机网络发展

自从计算机网络出现以后,它的发展速度与应用的广泛程度十分惊人。纵观计算机网络的发展,其大致经历了以下四个阶段:

(1)诞生阶段。

20 世纪 60 年代中期之前的第一代计算机网络是以单个计算机为中心的远程联机系统,

典型应用是由一台计算机和全美范围内 2000 多个终端组成的飞机订票系统,终端是一台计算机的外围设备,包括显示器和键盘,无 CPU 和内存。随着远程终端的增多,在主机前增加了前端机。当时,人们把计算机网络定义为"以传输信息为目的而连接起来,实现远程信息处理或进一步达到资源共享的系统",这样的通信系统已具备网络的雏形。

（2）形成阶段。

20 世纪 60 年代中期至 70 年代的第二代计算机网络是以多个主机通过通信线路互联起来,为用户提供服务,兴起于 60 年代后期,典型代表是美国国防部高级研究计划局协助开发的 ARPANET。主机之间不是直接用线路相连,而是由接口报文处理机（IMP）转接后互联的。IMP 和它们之间互联的通信线路一起负责主机间的通信任务,构成了通信子网。通信子网互联的主机负责运行程序,提供资源共享,组成资源子网。这个时期,网络概念为"以能够相互共享资源为目的互联起来的具有独立功能的计算机之集合体",形成了计算机网络的基本概念。

（3）互联互通阶段。

20 世纪 70 年代末至 90 年代的第三代计算机网络是具有统一的网络体系结构并遵守国际标准的开放式和标准化的网络。ARPANET 兴起后,计算机网络发展迅猛,各大计算机公司相继推出自己的网络体系结构及实现这些结构的软硬件产品。由于没有统一的标准,不同厂商的产品之间互联很困难,人们迫切需要一种开放性的标准化实用网络环境,这样应运而生了两种国际通用的最重要的体系结构,即 TCP/IP 体系结构和国际标准化组织的OSI 体系结构。

（4）高速网络技术阶段。

20 世纪 90 年代至今的第四代计算机网络,由于局域网技术发展成熟,出现光纤及高速网络技术,整个网络就像一个对用户透明的大的计算机系统,发展为以因特网（Internet）为代表的互联网。

3.计算机网络组成

计算机网络的组成基本上包括计算机、网络操作系统、传输介质以及相应的应用软件四部分,如图 2-2-1 所示。

图 2-2-1   计算机网络组成

4.计算机网络分类

从地理范围划分,可以把各种网络类型划分为局域网、城域网、广域网和互联网四种。

(1)局域网。

局域网(Local Area Network,LAN)随着整个计算机网络技术的发展和提高得到充分的应用和普及,几乎每个单位都有自己的局域网,有的甚至家庭中都有自己的小型局域网。局域网在计算机数量配置上没有太多的限制,少的可以只有两台,多的可达几百台,如图 2-2-2 所示。一般来说在企业局域网中,工作站的数量在几十到两百台。网络所涉及的地理距离一般来说可以是几米至 10 公里以内。

图 2-2-2 局域网拓扑图

(2)城域网。

城域网(Metropolitan Area Network,MAN)一般来说是城市应用的网络,这种网络的连接距离可以在 10～100 公里,它采用的是 IEEE 802.6 标准。MAN 与 LAN 相比扩展的距离更大,连接的计算机数量更多,在地理范围上可以说是 LAN 网络的延伸,如图 2-2-3 所示。在一个大型城市或都市地区,一个 MAN 网络通常连接着多个 LAN,如连接政府机构的 LAN、医院的 LAN、电信的 LAN、公司企业的 LAN,等等。光纤连接的引入,使 MAN 中高速的 LAN 互联成为可能。城域网多采用 ATM 技术做骨干网。ATM 是一个用于数据、语音、视频以及多媒体应用程序的高速网络传输方法。

(3)广域网。

广域网(Wide Area Network,WAN),这种网络也称为远程网,所覆盖的范围比城域网(MAN)更广,它一般是在不同城市之间的 LAN 或者 MAN 网络互联,地理范围可从几百公里到几千公里,如图 2-2-4 所示。因为距离较远,信息衰减比较严重,所以这种网络一般要租用专线,通过 IMP(接口信息处理)协议和线路连接起来,构成网状结构,解决循径问题。广域网因为所连接的用户多,总出口带宽有限,所以用户的终端连接速率一般较低,通常为 9.6 kbit/s～45 Mbit/s,如邮电部的 ChinaNet、ChinaPAC 和 ChinaDDN。

(4)无线网。

随着便携式计算机的日益普及和发展,人们经常要在路途中接听电话,发送传真和电子邮件,阅读网上信息以及登录到远程机器等。然而在汽车或飞机上是不可能通过有线介质与单位的网络相连接的,这时候就需要无线网了。无线网特别是无线局域网有很多优点,如易于安装和使用。但无线局域网也有许多不足之处,如它的数据传输率一般比较低,远低于有线局域网;另外无线局域网的误码率也比较高,而且站点之间相互干扰比较厉害。

图 2-2-3　城域网拓扑图

图 2-2-4　广域网拓扑图

5. IP 地址

IP 地址是 IP 协议提供的一种统一的地址格式，它为互联网上的每一个网络和每一台主机分配一个逻辑地址，以此来屏蔽物理地址的差异。IP 协议是为计算机网络相互连接进行通信而设计的协议，它把各种不同数据统一转换成 IP 数据报格式，这种转换是因特网的一个最重要的特点，使各种计算机都能在因特网上实现互通，即具有开放性的特点。正是因为有了 IP 协议，因特网才得以迅速发展成为世界上最大的、开放的计算机通信网络。因此，IP 协议也可以叫作因特网协议。IP 地址分为公有地址和私有地址，公有地址由因特网信息中心负责分配，如电信、移动、联通等。私有地址属于非注册地址，专门为组织机构内部使用。

最初设计互联网络时，为了便于寻址以及层次化构造网络，每个 IP 地址包括两个标识码（ID），即网络 ID 和主机 ID。同一个物理网络上的所有主机都使用同一个网络 ID，网络上的一个主机（包括网络上的工作站、服务器和路由器等）都有一个主机标识与其对应。Internet 委员会定义了 5 种 IP 地址类型以适合不同容量的网络，即 A 类~E 类。

其中 A、B、C 三类由 Internet NIC 在全球范围内统一分配，D、E 类为特殊地址，如表 2-2-1 所示。

表 2-2-1 IP 地址划分

类别	最大网络数	IP 地址范围	单个网段最大主机数	私有 IP 地址范围
A	$126(2^7-2)$	$1.0.0.1\sim127.255.255.254$	16777214	$10.0.0.0\sim10.255.255.255$
B	$16384(2^{14})$	$128.0.0.1\sim191.255.255.254$	65534	$172.16.0.0\sim172.31.255.255$
C	$2097152(2^{21})$	$192.0.0.1\sim223.255.255.254$	254	$192.168.0.0\sim192.168.255.255$

四、制订工作计划

五、任务实施

1. Windows Server 2019 操作系统网络配置

(1)修改虚拟机网络连接方式为桥接模式,参考项目 1 中任务 2,如图 2-2-5 所示。

图 2-2-5 桥接模式

（2）启动虚拟机，进入 Windows Server 2019 操作系统。默认情况下系统会自动启动"服务器管理器"并在右侧提示网络接入许可菜单，点击"是"按钮，如图 2-2-6 所示。

图 2-2-6　系统登录界面

（3）查看本机 IP 地址。第一种方法是右键点击左下角系统图标，在弹出菜单里选择"运行"，如图 2-2-7 所示。第二种方法见步骤（6）（7）（8）。

图 2-2-7　系统菜单列表

（4）输入"cmd"命令后，点击"确定"按钮，如图 2-2-8 所示。

（5）输入"ipconfig"命令后点击回车按键，可以看到目前操作系统的 IP 地址，如图 2-2-9 所示。

（6）从"开始"菜单中，打开"服务器管理器"，点击"本地服务器"，再选中"由 DHCP 分配

图 2-2-8　运行命令输入

图 2-2-9　IP 地址查看

的 IPv4 地址…",如图 2-2-10 所示。

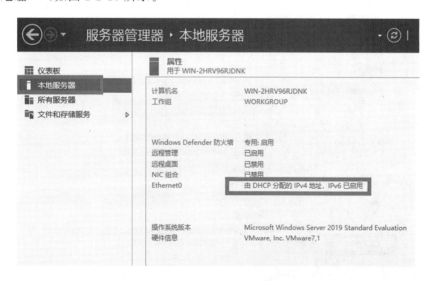

图 2-2-10　服务器管理器窗口

（7）选中网络适配器,点击右键,选择"状态",如图 2-2-11 所示。

（8）点击"详细信息"可以查看本机 IP 地址信息,如图 2-2-12 所示。

图 2-2-11　网络适配器选项　　　　　　图 2-2-12　网络地址查看

（9）回到网络适配器状态窗口，点击"属性"按钮，再双击"Internet 协议版本 4（TCP/IPv4）"选项，如图 2-2-13 所示。

图 2-2-13　进入网络地址修改页面

（10）修改本机 IP 地址。如任务中计算机分配的 IP 地址是 192.168.0.30，现修改 IP 地址为 192.168.0.180（前三段一样，最后一段可以自定义一个 2 至 254 的数），子网掩码和默认网关需与修改前保持一致，如图 2-2-14 所示，完成后点击"确定"按钮。

图 2-2-14　IP 地址修改

（11）查看 IP 地址是否修改成功，可参考步骤（3）（4）（5），如图 2-2-15 所示。

2. Windows Server 2019 操作系统网络测试

（1）右键点击物理机（注：不是虚拟机）左下角系统图标，选择"运行"，如图 2-2-16 所示。再输入"cmd"命令，点击"确定"。

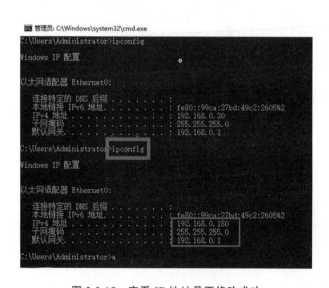

图 2-2-15　查看 IP 地址是否修改成功　　　图 2-2-16　物理机系统菜单栏

（2）输入"ping 虚拟机 IP 地址"命令后点击回车，即可查看网络是否连通。如图 2-2-17 所示，显示发送数据 4、接收数据 4、丢失数据 0，这就代表网络配置成功。

（3）若测试中出现"请求超时"提示信息，一般是因为系统防火墙阻止 Ping 命令的数据包传递，可以通过让防火墙允许传输 Ping 数据包来解决问题。左键点击虚拟机左下角系统菜单，再选择"控制面板"选项，如图 2-2-18 所示。

（4）点击"系统和安全"选项，如图 2-2-19 所示。

```
C:\Users\luo>ping 192.168.0.180

正在 Ping 192.168.0.180 具有 32 字节的数据:
来自 192.168.0.180 的回复: 字节=32 时间<1ms TTL=128
来自 192.168.0.180 的回复: 字节=32 时间<1ms TTL=128
来自 192.168.0.180 的回复: 字节=32 时间<1ms TTL=128
来自 192.168.0.180 的回复: 字节=32 时间<1ms TTL=128

192.168.0.180 的 Ping 统计信息:
    数据包: 已发送 = 4, 已接收 = 4, 丢失 = 0 (0% 丢失),
往返行程的估计时间(以毫秒为单位):
    最短 = 0ms, 最长 = 1ms, 平均 = 0ms

C:\Users\luo>
```

图 2-2-17　网络连接测试

图 2-2-18　进入控制面板

图 2-2-19　控制面板界面

（5）点击"允许应用通过 Windows 防火墙"，如图 2-2-20 所示。

（6）找到"允许的应用和功能"菜单中的"文件和打印机共享"，勾选"专用"和"公用"后点击"确定"，如图 2-2-21 所示。完成后再次进行 ping 操作，参考步骤（2）。

图 2-2-20　系统和安全界面

图 2-2-21　防火墙设置

◆　六、质量自检

序　号	名　　称	完 成 情 况	备　注
1	虚拟机正常运行	□是　□否	
2	操作系统正常运行	□是　□否	
3	网络地址设置	□是　□否	
4	防火墙设置	□是　□否	
5	主机与虚拟机网络测试	□是　□否	
6	清理软件安装包	□是　□否	
7	整理器材与设备	□是　□否	

◆ 七、交付验收

验 收 项 目	验 收 内 容	验 收 情 况
功能	配置虚拟机 IP 地址×.×.×.234（×代表虚拟机最初分配地址）	
	虚拟机通过浏览器访问 www.baidu.com	
	主机与虚拟机 ping 测试连通	
性能		
程序		
用户手册		

验收人：   确认人：

◆ 八、知识拓展

1.子网掩码

子网掩码（Subnet Mask）又叫网络掩码、地址掩码、子网络遮罩，它是一种用来指明一个 IP 地址的哪些位标识的是主机所在的子网，以及哪些位标识的是主机的位掩码。子网掩码是在 IPv4 地址资源紧缺的背景下为了解决 IP 地址分配而产生的虚拟 IP 技术，通过子网掩码将 A、B、C 三类地址划分为若干子网，从而显著提高了 IP 地址的分配效率，有效解决了 IP 地址资源紧张的局面。子网掩码不能单独存在，它必须结合 IP 地址一起使用。

2.默认网关

默认网关是子网与外网连接的设备，通常是一个路由器的地址。当一台计算机发送信息时，根据发送信息的目标地址，通过子网掩码来判定目标主机是否在本地子网中。如果目标主机在本地子网中，则直接发送即可；如果目标主机不在本地子网中，则将该信息送到默认网关，由路由器将其转发到其他网络中，进一步寻找目标主机。

3.防火墙

防火墙是指一种将内部网和外部网分开的方法，它实际上是一种建立在现代通信网络技术和信息安全技术基础上的应用性安全技术、隔离技术。防火墙越来越多地应用于专用网络与公用网络的互联环境之中，尤其是接入 Internet 网络时。防火墙技术的功能主要在于及时发现并处理计算机网络运行时可能存在的安全风险、数据传输等问题，其中处理措施包括隔离与保护,同时可对计算机网络安全当中的各项操作实施记录与检测,以确保计算机网络运行的安全性,保障用户资料与信息的完整性,为用户提供更好、更安全的计算机网络使用体验。

◆ 九、课后习题

1. 填空题

(1)防火墙是指一种将内部网和_____分开的方法,它实际上是一种建立在现代通信网络技术和信息安全技术基础上的应用性_____、隔离技术。

(2)子网掩码是在 IPv4 地址资源紧缺的背景下为了解决 IP 地址分配而产生的_____。

(3)计算机网络是指将_____不同的具有独立功能的多台计算机及其外部设备,通过_____连接起来。

(4)IP 地址中 C 类私有地址范围为_____。

(5)计算机网络的组成基本上包括计算机、_____、_____以及相应的应用软件四部分。

2. 判断题

(1)局域网在计算机数量配置上没有太多的限制,少的可以只有两台,多的可达几百台。
(　　)

(2)一个 MAN 网络通常连接着多个 LAN。(　　)

(3)无线网特别是无线局域网有很多优点,如易于安装和使用。(　　)

(4)IP 地址是 IP 协议提供的一种统一的地址格式,它为互联网上的每一个网络和每一台主机分配一个逻辑地址,以此来屏蔽物理地址的差异。(　　)

(5)从地理范围划分,可以把各种网络类型划分为局域网、城域网、广域网和互联网四种。(　　)

3. 简答题

(1)请简述 Windows Server 2019 操作系统网络 IP 地址配置流程。

任务 3 操作系统名称设置与系统更新

◆ 一、任务情境描述

鸿蒙 OS 是华为公司开发的一款基于微内核、耗时 10 年、4000 多名研发人员投入开发、面向 5G 物联网、面向全场景的分布式操作系统。鸿蒙的英文名是 Harmony,意为和谐。鸿蒙 OS 与安卓、iOS 是不一样的操作系统,其性能上不弱于安卓系统,而且华为还为基于安卓生态开发的应用能够平稳迁移到鸿蒙 OS 上做好衔接,将手机、电脑、平板、电视、工业自动化控制、无人驾驶、车机设备、智能穿戴统一成一个操作系统,并且该系统是面向下一代技术而设计的,能兼容全部安卓应用和所有 Web 应用。若安卓应用重新编译,在鸿蒙 OS 上,运行性能提升超过 60%。2021 年 11 月 17 日,Harmony OS 迎来第三批开源,新增开源组件 769 个,涉及工具、网络、文件数据、UI、框架、动画图形及音视频 7 大类。

在日常使用中,操作系统都会进行系统更新和升级系统的组件,通过升级扩展系统的功能,让系统支持更多的软、硬件,解决各种兼容性问题,让系统更安全、更稳定。

◆ 二、能力目标

- 能掌握 Windows Server 2019 系统名称设置方法;
- 能掌握 Windows Server 2019 系统更新步骤。

◆ 三、知识准备

操作系统可以看成是一个资源管理系统,管理计算机系统的各种资源,用户通过它获得对资源的访问权限。安全的操作系统除了要实现普通操作系统的功能外,还要保证它所管理的资源的安全性,包括保密性、完整性和可用性等。操作系统常常面临的安全威胁包括:

1. 计算机病毒

计算机病毒指的是能够破坏数据或影响计算机使用,能够自我复制的一组计算机指令或程序代码。计算机病毒具有隐蔽性、传染性、潜伏性和破坏性等特点,如 CIH 病毒。

2. 黑客攻击

黑客攻击表现为具备某些计算机专业知识和技术的人员通过分析挖掘系统漏洞和利用网络对特定系统进行破坏,使功能瘫痪、信息丢失或变得乱七八糟等。常见的攻击方式如拒绝服务攻击,即通过消耗网络带宽或频发连接请求阻断系统对合法用户的正常服务。

3. 逻辑炸弹

逻辑炸弹是加在现有应用程序上的程序。一般逻辑炸弹都被添加在被感染应用程序的起始处,每当该应用程序运行时就会运行逻辑炸弹。它通常要检查各种条件,看是否满足运行炸弹的条件。

4. 木马程序

特洛伊木马指的是这样的计算机程序:表面上执行合法功能,实际上却完成了用户未曾料到的非法功能。入侵者开发这种程序用来欺骗合法用户,利用合法用户的权利进行非法活动。

5. 后门

后门也是构成操作系统威胁的重要形式之一。其本质上通常是为方便操作系统测试而在操作系统内部预留的特别命令入口,或者是专门在操作系统内部设置的可供渗透的缺陷或漏洞,一般不容易发现。但一经发现和非法利用,则会穿透整个系统安全机制并造成严重的后果。

6. 隐蔽通道

隐蔽通道可定义为系统中不受安全策略控制的、违反安全策略、非公开的信息泄露路径。按信息传递的方式和方法区分,隐蔽通道分为隐蔽存储通道和隐蔽定时通道。

◆ 四、制订工作计划

◆ 五、任务实施

1. Windows Server 2019 系统名称设置

(1)启动 Windows Server 2019 操作系统,左键点击左下角开始菜单,然后进入"服务器管理器"界面,如图 2-3-1 所示。

图 2-3-1　服务器管理器界面

(2)点击"本地服务器"选项,再点击计算机名,如图 2-3-2 所示。本任务图片中的计算机名可能和你的操作系统名称不一致。

图 2-3-2　本地服务器菜单

（3）点击"更改"按钮，如图 2-3-3 所示。

（4）可根据个人需求设置计算机名称，如图 2-3-4 所示。设置完成后点击"确定"按钮，此时计算机会提示需要重新启动计算机才能修改成功，只需重启系统即可。

图 2-3-3　系统属性窗口　　　　　　　　图 2-3-4　计算机名修改窗口

（5）重启系统后，进入"服务器管理器"窗口可查看修改后的计算机名，如图 2-3-5 所示。进入"服务器管理器"参考步骤（1）。

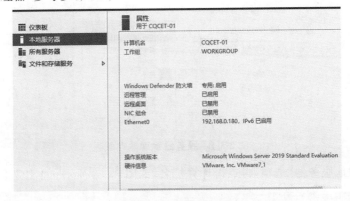

图 2-3-5　查看计算机名

2. Windows Server 2019 系统更新步骤

(1)进入"服务器管理器"窗口,点击"本地服务器"选项,再点击"Windows 更新",如图 2-3-6 所示。

图 2-3-6 服务器管理器窗口

(2)选择"Windows 更新",再点击"检查更新"按钮,此时操作系统会自动在线判断是否有需要更新的内容,如图 2-3-7 所示。

图 2-3-7 检查更新窗口

(3)点击"更改使用时段",如图 2-3-8 所示。可以设置操作系统自动更新的时间,如图 2-3-9 所示。

图 2-3-8 系统更新设置窗口

图 2-3-9　设置更新时间段

　　（4）点击"高级选项"，如图 2-3-10 所示，可以设置更新通知、更新选项等参数，如图 2-3-11 所示。

Windows 更新

*某些设置由你的组织来管理
查看配置的更新策略

无可用更新
我们将继续每天检查是否有最新的更新。

检查更新

*我们将自动下载更新，除非你使用的是按流量计费的连接（可能会收费）。在这种情况下，我们只会自动下载确保 Windows 流畅运行所必需的更新。更新下载后，我们将要求你进行安装。

更改使用时段

查看更新历史记录

高级选项

图 2-3-10　系统更新设置选项

图 2-3-11　高级更新设置窗口

六、质量自检

序　号	名　称	完 成 情 况	备　注
1	虚拟机正常运行	□是　□否	
2	操作系统正常运行	□是　□否	
3	设置操作系统名称	□是　□否	
4	操作系统更新为最新版本	□是　□否	
5	清理软件安装包	□是　□否	
6	整理器材与设备	□是　□否	

七、交付验收

验 收 项 目	验 收 内 容	验 收 情 况
功能	操作系统名称修改为"cqcet-××"，××为你的姓名	
	设置系统更新时间段为 22—24 点	
性能		
程序		
用户手册		

验收人：　　　　　　　　　　　确认人：

八、课后习题

1.填空题

（1）操作系统可以看成是一个资源管理系统,管理_____的各种资源,用户通过它获得对资源的访问权限。

（2）计算机病毒指的是能够破坏数据或影响计算机使用，能够自我复制的一组_____或_____。

（3）隐蔽通道可定义为系统中不受安全策略控制的、违反_____、非公开的信息泄露路径。

（4）特洛伊木马指的是这样的_____：表面上执行合法功能，实际上却完成了用户未曾料到的非法功能。

2. 判断题

（1）安全的操作系统除了要实现普通操作系统的功能外，还要保证它所管理的资源的安全性，包括保密性、完整性和可用性等。（　　　）

（2）计算机病毒具有隐蔽性、传染性、潜伏性和破坏性等特点（　　　）

（3）后门也是构成操作系统威胁的重要形式之一。（　　　）

（4）入侵者开发病毒程序用来欺骗用户，这是进行合法活动。（　　　）

3. 简答题

（1）请简述操作系统更新的优势是什么。

任务 4　操作系统用户创建与远程桌面连接

◆　一、任务情境描述

《中华人民共和国网络安全法》已由中华人民共和国第十二届全国人民代表大会常务委员会第二十四次会议于 2016 年 11 月 7 日通过，自 2017 年 6 月 1 日起施行。《中华人民共和国网络安全法》规定："境外的机构、组织、个人从事攻击、侵入、干扰、破坏等危害中华人民共和国的关键信息基础设施的活动，造成严重后果的，依法追究法律责任；国务院公安部门和有关部门并可以决定对该机构、组织、个人采取冻结财产或者其他必要的制裁措施。"

在日常工作中，黑客通常非法获取操作系统用户权限，从而对系统进行资料收集或系统破坏。本任务将对操作系统用户进行管理，通过设置用户权限，使用网络远程开展服务器运维工作。远程桌面连接之后，运维工程师可以让个人电脑与服务器相互连接，从而开展程序安装、软件卸载和服务器系统配置等工作。

◆　二、能力目标

• 能掌握 Windows Server 2019 操作系统本地用户创建步骤；
• 能掌握 Windows Server 2019 操作系统远程桌面配置与测试方法；
• 能掌握 Windows Server 2019 操作系统移动端设备远程连接配置方法。

三、知识准备

1. 认识远程桌面连接

远程桌面是微软公司为了方便网络管理员管理维护服务器而推出的一项服务。从 Windows 2000 Server 版本开始引入，网络管理员使用远程桌面连接到网络中任意一台开启了远程桌面控制功能的计算机上，通过远程桌面功能实时地操作这台计算机，在上面安装软件、运行程序，所有的一切都好像是直接在该计算机上操作一样。这就是远程桌面的最大功能，通过该功能网络管理员可以在家中安全地控制单位的服务器，而且由于该功能是系统内置的，所以比其他第三方远程控制工具使用更方便、更灵活。

2. 远程桌面连接发展历史

计算机发展的早期，很多计算机相互不能连接访问，为了解决这一问题，简单的远程终端协议（Telnet）应运而生。Telnet 采用 C/S 模式结构，客户机可以通过 Telnet 协议登录到网络中其他服务器上，程序运行时所有的运算与存储都是交给远程连接后的服务器来完成，当运算结束后服务器才把结果反馈回客户机，这样就可以在客户机配置不够的情况下完成程序的运行工作。远程桌面连接就是从 Telnet 协议发展而来的，通俗地讲它就是图形化的 Telnet。

3. 远程桌面协议

远程桌面协议（RDP）是一个多通道（multi-channel）的协议，让使用者连上提供微软终端机服务的计算机。RDP 开启一个专用的网络通道，用于在连接的两台计算机（远程桌面和当前使用的计算机）之间来回发送数据。为此，它始终使用网络端口 3389。鼠标移动、击键、桌面显示和所有其他必要的数据利用 TCP/IP 并通过此通道发送，这是用于大多数种类的 Internet 流量的传输协议。RDP 也会加密所有数据，提升通过公共互联网连接的安全性。

四、制订工作计划

◆　　五、任务实施

1. Windows Server 2019 操作系统本地用户创建

（1）启动 Windows Server 2019 操作系统，进入"服务器管理器"，点击"工具"菜单，再选中"计算机管理"，如图 2-4-1 所示。

图 2-4-1　服务器管理器窗口

（2）点击"本地用户和组"选项，然后选中"用户"，在右边空白区域点击鼠标右键，选择"新用户"选项，如图 2-4-2 所示。

图 2-4-2　计算机管理窗口

（3）输入需要创建的用户名和密码，在用户属性中可以设置密码参数，如图 2-4-3 所示，填写完成后点击"创建"按钮。

图 2-4-3　新用户创建窗口

（4）这时计算机管理的用户窗口将生成刚刚创建的本地用户信息，如图 2-4-4 所示。

图 2-4-4　本地用户信息窗口

2.操作系统远程桌面配置与测试

（1）回到"服务器管理器"窗口，点击"本地服务器"选项，可以查看本机远程桌面启动情况和本机 IP 地址信息，如图 2-4-5 所示。默认情况下操作系统禁用了远程桌面功能，开启远程桌面功能点击"已禁用"选项。

图 2-4-5　本地服务器属性窗口

（2）勾选远程桌面的"允许远程连接到此计算机"选项，如图 2-4-6 所示。

（3）系统将弹出远程桌面连接信息窗口，阅读后点击"确定"按钮，如图 2-4-7 所示。

图 2-4-6   远程桌面开启窗口   图 2-4-7   远程桌面连接信息窗口

（4）回到系统属性窗口，点击"选择用户"按钮，如图 2-4-8 所示。

（5）在弹出的远程桌面用户窗口点击"添加"按钮，如图 2-4-9 所示。

图 2-4-8   系统属性窗口   图 2-4-9   远程桌面用户窗口

（6）在选择用户窗口点击"高级"按钮，如图 2-4-10 所示。

图 2-4-10　选择用户窗口

（7）在弹出的窗口中点击"立即查找"，然后选中刚刚创建的用户名称，如图 2-4-11 所示，再点击"确定"按钮。

图 2-4-11　用户查找窗口

（8）回到选择用户窗口，可以看到刚刚添加的用户信息已经显示出来了，如图 2-4-12 所示。确认无误后，再点击"确定"按钮。

图 2-4-12　选择用户窗口

（9）回到远程桌面用户窗口后可以查看已添加的用户信息，如图 2-4-13 所示，再点击"确定"按钮。

（10）回到系统属性窗口，如图 2-4-14 所示，最后点击"确认"按钮即可。

图 2-4-13　远程桌面用户窗口

图 2-4-14　系统属性窗口

（11）完成配置后我们就开始进入测试阶段。回到物理机（注：不是虚拟机），左键点击左下角开始图标，然后用键盘输入"远程桌面"。这时系统将弹出远程桌面连接应用程序，点击即可，如图 2-4-15 所示。

图 2-4-15　物理机远程桌面连接应用程序

（12）在弹出的窗口中点击"显示选项"菜单，如图 2-4-16 所示。

（13）输入虚拟机 IP 地址和刚刚设置的用户名信息，如图 2-4-17 所示，再点击"连接"按钮。本地资源、体验和高级选项可以设置连接时的性能参数。

图 2-4-16 远程桌面连接界面   图 2-4-17 远程桌面连接信息配置

（14）在新弹出的窗口中输入刚刚设置的用户密码后，点击"确定"按钮，如图 2-4-18 所示。

（15）弹出验证确认窗口，查看后点击"是"按钮，如图 2-4-19 所示。

图 2-4-18 用户密码填写   图 2-4-19 远程桌面连接安全信息窗口

（16）完成配置后系统会进入远程桌面，如图 2-4-20 所示。

图 2-4-20 完成远程桌面连接

3. 移动端设备远程桌面连接配置

（1）在日常工作中有时可能需要快速解决某些服务器问题，但是计算机又没在身边，这时可以采用微软公司推出的移动端远程桌面软件（Microsoft Remote Desktop）远程操作管理系统。通过手机的应用程序商店可以下载，如图 2-4-21 所示。

（2）软件开始安装后将提示接受许可协议，点击"Accept"按钮接受许可协议，如图 2-4-22 所示。

图 2-4-21   Microsoft Remote Desktop 软件信息   图 2-4-22   接受许可协议

（3）安装完成后，点击右上角"＋"按钮，再选择"Desktop"选项，如图 2-4-23 所示。

（4）选择"ADD MANUALLY"选项，创建远程连接信息，如图 2-4-24 所示。

图 2-4-23   添加远程桌面   图 2-4-24   添加远程桌面窗口

（5）输入虚拟机的 IP 地址和远程连接用户名称，如图 2-4-25 所示（注：手机设备需要和虚拟机处于同一个网络中）。完成后点击"SAVE"按钮。

（6）再输入用户密码后点击"SAVE"按钮，如图 2-4-26 所示。

（7）输入完成后点击"SAVE"按钮，如图 2-4-27 所示。

（8）此时软件界面中生成刚刚新建的远程桌面选项，如图 2-4-28 所示。对它点击后系统提示连接确认信息，如图 2-4-29 所示，点击"CONNECT"进行连接。

图 2-4-25　远程桌面地址信息输入窗口

图 2-4-26　密码添加窗口

图 2-4-27　添加远程桌面连接用户信息

图 2-4-28　生成远程桌面信息

（9）完成连接后，手机屏幕就进入虚拟机操作系统中了，如图 2-4-30 所示。

图 2-4-29　确认连接窗口

图 2-4-30　连接成功界面

◆ 六、质量自检

序　号	名　　称	完成情况	备　注
1	虚拟机正常运行	□是　□否	
2	操作系统正常运行	□是　□否	
3	新增操作系统本地用户	□是　□否	
4	添加远程桌面许可	□是　□否	
5	远程桌面连接测试（电脑端与移动端）	□是　□否	
6	清理软件安装包	□是　□否	
7	整理器材与设备	□是　□否	

◆ 七、交付验收

验收项目	验收内容	验收情况
功能	新增用户"CQCET-××"，××代表你的名字	
	开启远程桌面协议	
	电脑端与移动端远程桌面连接	
性能	远程连接速度为 10 Mbit/s	
	开启远程连接剪贴板功能	
程序	操作系统安装包	
	手机远程连接 APP	
用户手册	用户与密码信息手册	
	电脑端远程连接操作手册	
	移动端远程连接操作手册	

验收人：　　　　　　　　　　　　确认人：

◆ 八、知识拓展

1. 第三方远程连接桌面软件：TeamViewer

TeamViewer 是一个能在任何防火墙和 NAT 代理的后台用于远程控制的应用程序，是桌面共享和文件传输的简单且快速的解决方案，如图 2-4-31 所示。为了连接到另一台计算机，只需要在两台计算机上同时运行 TeamViewer 即可。该软件第一次启动在两台计算机上自动生成伙伴 ID。只需要输入你的伙伴的 ID 到 TeamViewer，就会立即建立起连接。TeamViewer GmbH 公司创建于 2005 年，总部位于德国，致力于研发和销售高端的在线协作和通信解决方案。如果你回到家后想连接控制在学校或公司里自己的电脑，很多人会想到使用 Windows 远程桌面连接。一般情况下,它无疑是最好的方案了,但如果你要连接的电脑位于内网,即路由器(Router)或防火墙后方(电脑是内部 IP),就必须在路由器上做一些设定端口映射之类的设置才有办法连上,而网管也不太可能帮你设定,这时,TeamViewer 无疑就是最佳的解决方案了。

图 2-4-31　TeamViewer 软件

2. 第三方远程连接桌面软件:向日葵远程控制软件

向日葵是由 Oray 自主研发的一款远程控制软件,主要面向企业和专业人员的远程 PC 管理和控制,如图 2-4-32 所示。无论你在任何可连入互联网的地点,都可以轻松访问和控制安装了远程控制客户端的远程主机,进行文件传输、远程桌面操作、远程监控、远程管理等。向日葵远程控制支持主流操作系统 Windows、Linux、Mac、Android、iOS 跨平台协同操作,在任何可连入互联网的地点,都可以轻松访问和控制安装了向日葵远程控制客户端的设备。整个远控过程,可通过浏览器直接进行,无须再安装软件。

图 2-4-32　向日葵软件

◆ 九、课后习题

1. 填空题

(1)通过远程桌面功能我们可以实时地操作＿＿＿＿＿＿＿＿,在上面安装软件、运行程序。

(2)远程桌面协议是一个＿＿＿＿＿＿＿＿的协议,让使用者连上提供微软终端机服务的计算机。

(3)远程桌面协议始终使用网络端口＿＿＿＿＿＿＿＿。

(4)TeamViewer 是一个能在任何＿＿＿＿＿＿＿＿和 NAT 代理的后台用于远程控制的应用程序。

2. 判断题

(1)向日葵是由 Oray 自主研发的一款远程控制软件,主要面向企业和专业人员的远程

PC 管理和控制。(　　　)

（2）Telnet 采用 C/S 模式结构，客户机可以通过 Telnet 协议登录到网络中其他服务器上，程序运行时所有的运算与存储都是交给远程连接后的服务器来完成。(　　　)

（3）网络管理员可以使用远程桌面连接到网络中任意一台开启了远程桌面控制功能的计算机上。(　　　)

（4）RDP 也会加密所有数据，提升通过公共互联网连接的安全性。(　　　)

3. 简答题

（1）请简述 Windows Server 2019 操作系统远程连接开启步骤。

任务5　Web 服务器安装与配置

◆　一、任务情境描述

"双 11"购物节已经成为每年一度中国消费者的狂欢节，而中国消费市场在"双 11"购物节中所迸发出的强大能量，总是能让外国媒体感到吃惊不已。2020 年 11 月 11 日 0:00 至 0:30，天猫实时成交额突破 3723 亿元人民币，打破了 2019 年"双 11"购物节全天的纪录。而最终，中国各大电商成交额则突破了 7747 亿元。中国经济从疫情之中得到快速恢复和发展已经是不争的事实，中国国家统计局在 2020 年 10 月下旬公布的报告显示，中国三季度 GDP 同比增长 4.9%，前三季度经济增长由负转正。这证明了中国经济已经从疫情的影响中恢复，并实现了增长。

天猫、京东等购物网站都通过 Web 服务器提供服务。Web 服务器是指驻留于因特网上某种类型计算机的程序，可以处理浏览器等 Web 客户端的请求并返回相应响应，也可以放置网站文件，让全世界浏览。目前某公司完成 Web 网站软件开发，现需要在公司服务器上部署测试，你作为公司的运维工程师需完成网站平台的部署工作。

◆　二、能力目标

- 能掌握 Windows Server 2019 操作系统 IIS 服务器安装流程；
- 能掌握 Windows Server 2019 操作系统 IIS 服务器配置技巧。

◆　三、知识准备

1. 认识 Web 服务器

Web 服务器也称为 WWW(World Wide Web)服务器，主要功能是提供网上信息浏览服务。WWW 是 Internet 的多媒体信息查询工具，正是因为有了 WWW 工具，才使得近年来 Internet 迅速发展，且用户数量飞速增长。Web 服务器可以处理浏览器等 Web 客户端的请求并返回相应响应，也可以放置网站文件，让全世界网络用户浏览。

2. Web 服务器工作流程

Web 服务器就是可以接收 HTTP 请求，然后将响应返回给客户端的软件或设备。Web

服务器实现了 HTTP 协议、管理着 Web 资源,并负责提供 Web 服务器的管理功能(配置、控制、扩展等)。由于 Web 服务器主要与 HTTP 通信打交道,所以有时候我们也将其称作 HTTP 服务器,对应地,客户端浏览器可以称作 HTTP 客户端。Web 服务器工作流程可以分为 7 个步骤:建立连接、接收请求、处理请求、访问资源、构建响应、返回响应、记录日志,如图 2-5-1 所示。

图 2-5-1 Web 服务器工作流程

(1)建立连接:由于 HTTP 通信是基于 TCP 协议的,所以需要先建立连接才能开始通信,这也是我们在实现 Web 服务器的时候要指定 IP 和端口的原因,客户端可以根据这个 IP 地址和端口号与服务器建立连接(TCP 的"三次握手")。

(2)接收请求:一旦服务器与客户端建立连接后,服务器就可以接收从客户端发过来的请求报文,第一次请求时先建立连接,对于 HTTP/1.1 来说,默认支持持续连接,所以后续请求都可以在这个连接上进行,不需要额外建立连接。

(3)处理请求:服务器收到请求报文并解析完成后(主要是请求首部),会对请求进行处理。比如 POST 请求需要包含请求实体,判断是否有访问权限,指定路径是否存在,返回缓存还是原始资源。如果是静态资源的话(比如 HTML、图片、CSS 文件等),直接从文件系统获取并返回即可;如果是动态资源的话,还需要通过 CGI 网关请求后端应用程序接口(PHP、Java、Python 等编写的应用程序),如果配置了负载均衡,还要将请求进行转发。

(4)访问资源:服务器根据请求处理结果去指定位置获取资源,如果资源存储在缓存中,从缓存获取;存储在文件系统中,从文件系统获取;存储在 CDN 中,从 CDN 处获取;存储在数据库中,则从数据库获取等。

(5)构建响应:请求处理完成并获取对应的资源后,服务器开始构建响应报文,响应首部和响应实体的设置需要遵循 HTTP 协议规范。

(6)返回响应:响应报文构建完成后,会沿着请求来路将其返回给客户端,如果当前 HTTP 连接是持久连接的话,需要保持连接打开状态,否则会关闭连接。此时,需要注意的是对持久连接而言,响应头中必须包含 Content-Length 首部字段,否则客户端不知道什么时候响应实体结束。

(7)记录日志:当一个 HTTP 事务(请求响应)结束后,Web 服务器通常会在日志中记录该事务。

3. 常见 Web 服务器平台

在 Linux 操作系统平台下使用最广泛的免费 Web 服务器是 Apache 和 Nginx 服务器,而 Windows 平台使用较多的是 IIS(Internet Information Services,互联网信息服务)服务器。

(1)IIS。

Microsoft 的 Web 服务器产品为 Internet Information Services(IIS),IIS 是允许在公共 Intranet 或 Internet 上发布信息的 Web 服务器。IIS 是目前最流行的 Web 服务器产品之一,很多著名的网站都是建立在 IIS 的平台上,如图 2-5-2 所示。IIS 提供了一个图形界面的管理工具,称为 Internet 服务管理器,可用于监视配置和控制 Internet 服务。IIS 是一种 Web 服务组件,其中包括 Web 服务器、FTP 服务器、NNTP 服务器和 SMTP 服务器,分别用于网页浏览、文件传输、新闻服务和邮件发送等方面,它使得在网络(包括互联网和局域网)上发布信息成了一件很容易的事。它提供 ISAPI(Intranet Server API)作为扩展 Web 服务器功能的编程接口;同时,它还提供一个 Internet 数据库连接器,可以实现对数据库的查询和更新。

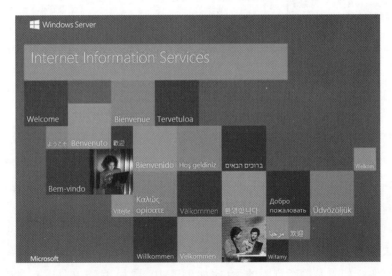

图 2-5-2　IIS 运行界面

(2)Apache。

Apache 仍然是世界上用得最多的 Web 服务器,市场占有率达 60% 左右。它源于 NCSAhttpd 服务器,当 NCSA WWW 服务器项目停止后,那些使用 NCSA WWW 服务器的人们开始交换用于此服务器的补丁,这也是 Apache 名称的由来。世界上很多著名的网站都是 Apache 的产物,它的成功之处主要在于它的源代码开放、有一支开放的开发队伍、支持跨平台的应用(可以运行在几乎所有的 UNIX、Windows、Linux 系统平台上)以及它的可移植性等方面,如图 2-5-3 所示。

(3)Nginx。

图 2-5-3 Linux 操作系统的 Apache 平台

Nginx 是一款轻量级的Web 服务器、反向代理服务器及电子邮件代理服务器。在 BSD-like 协议下发行,其特点是占有内存少,并发能力强,如图 2-5-4 所示。

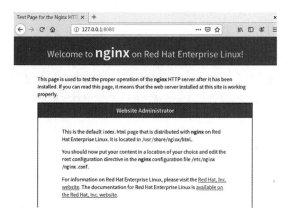

图 2-5-4 Linux 操作系统的 Nginx 平台

◆ 四、制订工作计划

◆　五、任务实施

1. 安装 Windows Server 2019 操作系统 IIS 服务器

(1)启动服务器管理器,点击"管理"选项,在子菜单中选择"添加角色和功能"选项,如图 2-5-5 所示。

图 2-5-5　运行添加角色和功能

(2)进入添加角色和功能向导,点击"下一步"按钮,如图 2-5-6 所示。

图 2-5-6　添加角色和功能向导

(3)选择"基于角色或基于功能的安装",再点击"下一步"按钮,如图 2-5-7 所示。

图 2-5-7　选择安装类型

（4）在选择目标服务器界面选择"从服务器池中选择服务器"选项，再选中服务器池中你的服务器信息，完成后点击"下一步"，如图 2-5-8 所示。

图 2-5-8 选择目标服务器

（5）从服务器角色中勾选"Web 服务器（IIS）"选项，完成后点击"下一步"按钮，如图 2-5-9 所示。

图 2-5-9 添加服务器角色

（6）步骤（5）勾选"Web 服务器（IIS）"选项时会弹出添加角色和功能向导，直接点击"添加功能"按钮，如图 2-5-10 所示。完成后会回到选择服务器角色界面，直接点击"下一步"即可。

图 2-5-10 添加功能确认

（7）进入选择功能界面后，再点击"下一步"按钮，如图 2-5-11 所示。

图 2-5-11　选择功能选项

（8）Web 服务器角色（IIS）窗口中可直接点击"下一步"按钮，如图 2-5-12 所示。

图 2-5-12　Web 服务器角色（IIS）窗口

（9）根据应用需求可以选择 Web 服务器安装的角色服务，本任务为默认安装选项，直接点击"下一步"按钮即可，如图 2-5-13 所示。

（10）确认安装所选内容后，点击"安装"按钮，如图 2-5-14 所示。整个安装过程需要等待几分钟，完成后再点击"关闭"按钮，如图 2-5-15 所示。

图 2-5-13　选择角色服务窗口

图 2-5-14　安装确认窗口

图 2-5-15　安装完毕

（11）安装完成后，进入服务器管理器，选择"工具"选项，再点击"Internet Information Services(IIS)管理器"选项，如图 2-5-16 所示。

图 2-5-16　进入 IIS 管理器

（12）进入 Internet Information Services(IIS)管理器窗口，可以对 Web 服务器进行管理。若要检查是否安装成功，可以在浏览器中输入本机地址 http://127.0.0.1 进行访问测试，或点击 Internet Information Services(IIS)管理器左边的计算机名，展开后再点击"网站"，然后点击"Default Web Site"，此时窗口右边弹出站点信息，如图 2-5-17 所示，最后点击浏览网站中的"浏览 ∗:80(http)"选项。

图 2-5-17　IIS 配置界面

（13）正常安装操作后即可进入 IIS 首页，如图 2-5-18 所示。

2. 配置 Windows Server 2019 操作系统 IIS 服务器

（1）在 Internet Information Services(IIS)管理器窗口选择"Default Web Site"后点击鼠标右键，再选择"删除"选项，如图 2-5-19 所示。

（2）删除默认站点后，再选中"网站"，点击鼠标右键选择"添加网站"，如图 2-5-20 所示。

图 2-5-18　IIS 首页

图 2-5-19　删除默认站点

图 2-5-20　添加网站

（3）填写网站名称，再点击物理路径右边的方框可以设置指向站点路径（本任务指向 C 盘），在绑定选项中可以选择访问时 IP 地址（本任务的 IP 地址和你的本机地址不一样，可以自行选择 IP 地址右边的下拉菜单查看）和端口号，如图 2-5-21 所示。注：若修改端口号，在访问时需添加端口号信息，如端口号改为 666，访问时则输入 http://IP 地址:666。

（4）完成添加网站后，点击"网站"中刚刚新建的站点名称，选中新建站点名，从右边点击"浏览"选项，如图 2-5-22 所示。

（5）上一步点击"浏览"后弹出新窗口，在新窗口的空白位置点击鼠标右键，选择"新建"，再选择"文本文档"，如图 2-5-23 所示。

图 2-5-21　填写添加网站信息

图 2-5-22　站点路径选择

（6）按照如图 2-5-24 所示内容，编写网页代码。

图 2-5-23　新建网页　　　　　　图 2-5-24　新建网页程序代码

（7）完成编写后直接保存和关闭上一步记事本程序内容，再选择记事本所在窗口顶部的"查看"，然后勾选"文件扩展名"选项，如图 2-5-25 所示。

图 2-5-25　修改扩展名

（8）对刚刚新建的记事本点击鼠标右键，选择"重命名"，修改名称为 index.html，如图 2-5-26 所示，完成后点击"是"按钮。

图 2-5-26　确认修改扩展名

（9）按照安装 IIS 中的步骤（12）的操作方式来运行刚刚新建的网站，如图 2-5-27 所示，运行成功后会出现"重庆欢迎您"的信息。

图 2-5-27　网站运行界面

◆　六、质量自检

序　号	名　　　称	完 成 情 况	备　注
1	虚拟机正常运行	□是　□否	
2	操作系统正常运行	□是　□否	
3	IIS 安装成功	□是　□否	
4	IIS 默认站点运行正常	□是　□否	
5	新建站点正常	□是　□否	
6	自己的网站运行正常	□是　□否	
7	清理软件安装包	□是　□否	
8	整理器材与设备	□是　□否	

◆　**七、交付验收**

验 收 项 目	验 收 内 容	验 收 情 况
功能	站点端口修改为"4567"	
	新建站点，名称为你自己的姓名	
	站点指向路径 C 盘新建文件夹，名称为你的学号	
性能	网站能在本机正常运行	
	网站可以通过小组其他设备上的浏览器访问	
程序	网站 HTML 文件	
用户手册	安装 IIS 手册	
	配置 IIS 手册	

验收人：　　　　　　　　　　　确认人：

◆　**八、知识拓展**

1. 认识 HTML

HTML 的全称为超文本标记语言，是一种标记语言。它包括一系列标签，通过这些标签可以将网络上的文档格式统一，使分散的 Internet 资源链接为一个逻辑整体。HTML 文本是由 HTML 命令组成的描述性文本，HTML 命令可以说明文字、图形、动画、声音、表格、链接等。超文本是一种组织信息的方式，它通过超级链接方法将文本中的文字、图表与其他信息媒体相关联。这些相互关联的信息媒体可能在同一文本中，也可能是其他文件，或是地理位置相距遥远的某台计算机上的文件。这种组织信息的方式将分布在不同位置的信息资源用随机方式进行连接，为人们查找、检索信息提供方便。

2. HTML 特点

超文本标记语言文档制作不是很复杂，但功能强大，支持不同数据格式的文件镶入，这也是万维网（WWW）盛行的原因之一，其主要特点包括：

（1）简易性：超文本标记语言版本升级采用超集方式，从而更加灵活方便。

（2）可扩展性：超文本标记语言的广泛应用带来了加强功能、增加标识符等要求，超文本标记语言采取子类元素的方式，为系统扩展提供保证。

（3）平台无关性：虽然个人计算机大行其道，但使用 Mac 等其他机器的大有人在，超文本标记语言可以使用在广泛的平台上，这也是万维网（WWW）盛行的另一个原因。

（4）通用性：HTML 是网络的通用语言，一种简单、通用的全置标记语言。它允许网页制作人建立文本与图片相结合的复杂页面，这些页面可以被网上任何其他人浏览到，而无论使用的是什么类型的电脑或浏览器。

3. HTML 结构

一个网页对应多个 HTML 文件，超文本标记语言文件以 .htm 或 .html 为扩展名。可以使用任何能够生成 TXT 类型源文件的文本编辑器来产生超文本标记语言文件,只用修改文件后缀即可。标准的超文本标记语言文件都具有一个基本的整体结构,标记一般都是成对出现,即超文本标记语言文件的开头与结尾标记和超文本标记语言的头部与实体两大部分,如图 2-5-28 所示。标记符<html>,说明该文件是用超文本标记语言来描述的,它是文件的开头,而</html>,则表示该文件的结尾,它们是超文本标记语言文件的开始标记和结尾标记。标记符<head></head>表示头部信息的开始和结尾。头部中包含的标记是页面的标题<title>等内容。标记符<body></body>表示网页中显示的实际内容。

图 2-5-28　HTML 结构

九、课后习题

1. 填空题

(1)Web 服务器也称为_____服务器,主要功能是提供网上信息浏览服务。

(2)Web 服务器可以处理浏览器等 Web 客户端的请求并返回相应响应,也可以放置_____,让全世界网络用户浏览。

(3)Web 服务器就是可以接收_____请求,然后将响应返回给客户端的软件或设备。

(4)IIS 是允许在公共 Intranet 或 Internet 上发布信息的_____。

(5)Nginx 是一款轻量级的_____、反向代理服务器及电子邮件代理服务器。

2. 判断题

(1)HTML 的全称为超文本标记语言。(　　　)

(2)超文本标记语言文档制作不是很复杂,但功能强大,支持不同数据格式的文件镶入。(　　　)

(3)一个网页对应多个 HTML 文件,超文本标记语言文件以.htm 或.html 为扩展名。(　　　)

(4)IIS 默认访问端口号是 80。(　　　)

(5)标记符<head></head>表示头部信息的开始和结尾。(　　　)

3. 简答题

(1)请写出 HTML 简单的网页框架。

(2)Web 服务器可以提供什么应用服务？

任务6　FTP 服务器安装与配置

◆　一、任务情境描述

随着中国互联网逐渐普及，截至 2021 年 6 月，我国 IPv4 地址数量为 39319 万个，IPv6 地址数量为 62023 块/32，IPv6 活跃用户数达 5.33 亿，已经成为全球上网人数最多的国家。我国域名总数为 3136 万个，其中，".CN"域名数量为 1509 万个，占我国域名总数的 48.1%。其中，IPv4 数量相比于 2020 年末增加了 395.55 万个，半年增长率达 1.02%；IPv6 地址数量比 2020 年末增加了 4389 块/32，半年增长率达 7.62%。

大量用户加入互联网中，也衍生出海量的数字资源，如音乐、电影、图片等。为了更好地让这些数字资源共享给访问者，在服务器操作系统中可以使用 FTP 服务器进行资源的高效管理。FTP 服务器是在互联网上提供文件存储和访问服务的计算机应用平台，它们依照 FTP 提供服务。目前，某电商企业需要为市场部门员工搭建网络存储空间，方便进行个人业务数据存储和管理。你作为运维工程师，应如何通过 FTP 服务器进行网络磁盘空间管理和扩充呢？

◆　二、能力目标

- 能掌握 Windows Server 2019 操作系统 FTP 服务器安装流程；
- 能掌握 Windows Server 2019 操作系统 FTP 服务器配置方法。

◆　三、知识准备

1. 认识 FTP 服务器

FTP 服务器（File Transfer Protocol Server）是在互联网上提供文件存储和访问服务的计算机，它们依照 FTP 提供服务。FTP 是文件传输协议（File Transfer Protocol），是用来在两台计算机之间传输文件，是在 Internet 中应用非常广泛的服务之一。它可根据实际需要设置各用户的使用权限，同时还具有跨平台的特性，即在 UNIX、Linux 和 Windows 等操作系统中都可实现 FTP 客户端和服务器，相互之间可跨平台进行文件的传输。因此，FTP 服务是网络中经常采用的资源共享方式之一。

2. FTP 服务器类型

(1)授权 FTP 服务器。

授权 FTP 服务器只允许该 FTP 服务器系统上的授权用户使用。在使用授权 FTP 服务器之前必须向系统管理员申请用户名和密码,连接此类 FTP 服务器时必须输入用户名和密码。

（2）匿名 FTP 服务器。

匿名 FTP 服务器允许任何用户以匿名账户 FTP 或 anonymous 登录到 FTP 服务器,并对授权的文件进行查阅和传输。

3. FTP 工作流程

FTP 是 Internet 标准的文件传输协议,FTP 的用户界面向用户提供了一组用来管理计算机之间文件传输的应用程序。FTP 是基于客户/服务器(C/S)模型而设计的,在客户端与 FTP 服务器之间建立两个连接。FTP 的独特优势同时也是与其他客户/服务器程序最大的不同点就在于,它在两台通信的主机之间使用了两条 TCP 连接,一条是数据连接,用于数据传送;另一条是控制连接,用于传送控制信息(命令和响应),如图 2-6-1 所示。这种将命令和数据分开传送的思想大大提高了 FTP 的效率,而其他客户/服务器应用程序一般只有一条 TCP 连接。在整个交互的 FTP 会话中,控制连接始终是处于连接状态的,数据连接则在每一次文件传送时先打开后关闭。

图 2-6-1　FTP 基本模式

4. FTP 传输模式

FTP 的任务是从一台计算机将文件传送到另一台计算机,它与这两台计算机所处的位置、连接的方式甚至是否使用相同的操作系统无关。FTP 的传输有两种方式:ASCII 传输模式和二进制数据传输模式。

（1）ASCII 传输模式。

假定用户正在拷贝的文件包含简单的 ASCII 码文本,如果在远程机器上运行的是不同的操作系统,当文件传输时 FTP 通常会自动地调整文件的内容,以便于把文件解释成另外那台计算机存储文本文件的格式。

（2）二进制传输模式。

在二进制传输中,保存文件的位序,以便原始和拷贝的是逐位一一对应的,即使目的地机器上包含位序列的文件是无意义的。如果你在 ASCII 方式下传输二进制文件,即使不需要也仍会转译。这会使传输稍微变慢,也会损坏数据,使文件变得不能用。

◆ 四、制订工作计划

◆ 五、任务实施

1. 安装 Windows Server 2019 操作系统 FTP 服务器

（1）进入服务器管理器中，选择右上角"管理"选项，再点击"添加角色和功能"，如图 2-6-2 所示。

图 2-6-2　服务器管理器窗口

（2）在添加角色和功能向导窗口中点击"下一步"按钮，如图 2-6-3 所示。

图 2-6-3　添加角色和功能向导窗口

（3）选择"基于角色或基于功能的安装"，然后点击"下一步"按钮，如图 2-6-4 所示。

图 2-6-4 选择安装类型

（4）在选择目标服务器界面选择"从服务器池中选择服务器"，在服务器池中点击你的本机信息，如图 2-6-5 所示，最后点击"下一步"按钮。

图 2-6-5 选择目标服务器

（5）点开"Web 服务器（IIS）"选项，勾选"FTP 服务器"，如图 2-6-6 所示。最后点击"下一步"按钮。

（6）选择功能窗口可以勾选需要添加的功能，本任务默认选项即可，然后点击"下一步"按钮，如图 2-6-7 所示。

图 2-6-6　选择服务器角色

图 2-6-7　选择功能窗口

（7）检查安装所选内容，无误后点击"安装"按钮，如图 2-6-8 所示。

图 2-6-8　安装确认窗口

(8)等待几分钟后显示安装完成,点击"关闭"按钮,如图 2-6-9 所示。

图 2-6-9　安装成功

2. 配置 Windows Server 2019 操作系统 FTP 服务器

(1)进入服务器管理器,选择右上角"工具"选项,再选择"Internet Information Services (IIS)管理器",如图 2-6-10 所示。

图 2-6-10　服务器管理器窗口

(2)进入 Internet Information Services(IIS)管理器,鼠标右键点击"网站",再选择"添加 FTP 站点",如图 2-6-11 所示。

图 2-6-11　创建 FTP 站点

(3)根据个人需求填写 FTP 站点名称和共享目录路径(本任务共享路径指向 C 盘根目录),如图 2-6-12 所示。

（4）设置访问 IP 地址、端口号（默认 21）和 SSL 加密，如图 2-6-13 所示。注：图片中的 IP 地址与你本机 IP 地址不同，请点击 IP 地址右边下拉菜单，系统会自动生成你本机地址信息。若修改端口号，在访问时需添加端口号信息，如端口号改为 666，访问时则输入 ftp://IP 地址:666。

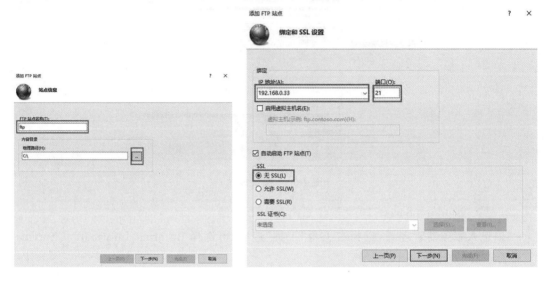

图 2-6-12　站点信息添加　　　　　　　图 2-6-13　设置 FTP 配置信息

（5）设置登录时身份验证，本任务设置为支持匿名登录模式，如图 2-6-14 所示。若要设置指定用户登录，可选择授权下拉菜单的"指定用户"，如图 2-6-15 所示。

图 2-6-14　登录方式选择

（6）打开浏览器，输入本机 IP 地址和端口号，可进入 FTP 登录界面，如图 2-6-16 所示。

图 2-6-15 用户授权选择

图 2-6-16 FTP 登录窗口

◆ 六、质量自检

序　号	名　　称	完 成 情 况	备　注
1	虚拟机正常运行	□是　□否	
2	操作系统正常运行	□是　□否	
3	正确安装 FTP 服务器	□是　□否	
4	正确配置 FTP 服务器	□是　□否	
5	清理软件安装包	□是　□否	
6	整理器材与设备	□是　□否	

◆　七、交付验收

验收项目	验收内容	验收情况
功能	FTP 访问端口设置为 567	
	FTP 共享目录指向 C 盘以你的学号命名的文件夹	
性能	添加账户为你的姓名的登录用户	
	小组成员相互连通,资源互访	
程序		
用户手册	FTP 安装手册	
	FTP 配置手册	
	FTP 用户登录信息手册	

验收人:　　　　　　　　　　　确认人:

◆　八、知识拓展

1. 认识 SSL 协议

Secure Sockets Layer 中文为安全套接字协议 (SSL),它与它的继任者安全传输层协议 (Transport Layer Security,TLS)是为网络通信提供安全及数据完整性的一种安全协议。TLS 与 SSL 在传输层与应用层之间对网络连接进行加密。SSL 协议位于 TCP/IP 协议与各种应用层协议之间,为数据通信提供安全支持。SSL 协议可分为两层:SSL 记录协议 (SSL Record Protocol),它建立在可靠的传输协议(如 TCP)之上,为高层协议提供数据封装、压缩、加密等基本功能的支持;SSL 握手协议(SSL Handshake Protocol),它建立在 SSL 记录协议之上,用于在实际的数据传输开始前,通信双方进行身份认证、协商加密算法、交换加密密钥等。

2. SSL 协议提供的服务功能

(1)认证用户和服务器,确保数据发送到正确的客户机和服务器;

(2)加密数据,以防止数据中途被窃取;

(3)维护数据的完整性,确保数据在传输过程中不被改变。

3. SSL 协议结构

SSL 的体系结构中包含两个协议子层,如图 2-6-17 所示,其中底层是 SSL 记录协议层 (SSL Record Protocol Layer);高层是 SSL 握手协议层(SSL HandShake Protocol Layer)。

SSL 记录协议层的作用是为高层协议提供基本的安全服务。SSL 记录协议针对 HTTP 协议进行了特别的设计,使得超文本的传输协议 HTTP 能够在 SSL 运行。记录封装各种高层协议,具体实施压缩解压缩、加密解密、计算和校验 MAC 等与安全有关的操作。

图 2-6-17　SSL 协议结构

SSL 握手协议层包括 SSL 握手协议(SSL HandShake Protocol)、SSL 密码参数修改协议(SSL Change Cipher Spec Protocol)、应用数据协议(Application Data Protocol)和 SSL 告警协议(SSL Alert Protocol)。握手层的这些协议用于 SSL 管理信息的交换,允许应用协议传送数据之间相互验证,协商加密算法和生成密钥等。SSL 握手协议的作用是协调客户和服务器的状态,使双方能够达到状态的同步。

◈ 九、课后习题

1. 填空题

(1)FTP 服务器是在互联网上提供_____和_____的计算机。

(2)匿名 FTP 服务器允许任何用户以_____或 anonymous 登录到 FTP 服务器。

(3)FTP 是 Internet 标准的_____,FTP 的用户界面向用户提供了一组用来管理计算机之间文件传输的应用程序。

(4)FTP 的任务是从一台计算机将文件传送到另一台计算机,它与这两台计算机所处的位置、_____甚至是否使用相同的操作系统无关。

(5)SSL 的体系结构中包含_____子层。

2. 判断题

(1)SSL 记录协议层的作用是为高层协议提供基本的安全服务。(　　)

(2)SSL 握手协议的作用是协调客户和服务器的状态,使双方能够达到状态的同步。(　　)

(3)FTP 的传输有两种方式:ASCII 传输模式和二进制数据传输模式。(　　)

(4)在二进制传输中,保存文件的位序,以便原始和拷贝的是逐位一一对应的。(　　)

(5)在整个交互的 FTP 会话中,控制连接始终是处于连接状态的,数据连接则在每一次文件传送时先打开后关闭。(　　)

3. 简答题

(1)请简述 Windows Server 2019 安装 FTP 服务的基本流程。

任务 7　**Windows Admin Center 安装与配置**

◆　**一、任务情境描述**

　　中国在超级计算机方面发展迅速，跃升到国际先进水平国家当中。中国是第一个以发展中国家的身份制造了超级计算机的国家。中国在 1983 年就研制出第一台超级计算机银河一号，使中国成为继美国、日本之后第三个能独立设计和研制超级计算机的国家。中国以国产微处理器为基础制造出本国第一台超级计算机，名为"神威蓝光"。在 2019 年 11 月 TOP 500 组织发布的世界超级计算机 500 强榜单中，中国占据了 227 个，神威·太湖之光超级计算机位居榜单第三位，天河二号超级计算机位居第四位。

　　随着计算机性能的快速发展，Windows 服务器操作系统推出了 Windows Admin Center，该服务是本地部署的基于浏览器的应用，用于管理 Windows 服务器、群集、超融合基础设施等。它是免费产品，可供生产中使用。某企业需要通过浏览器对服务器中的功能进行管理与配置，你作为运维工程师应该如何完成这项任务呢？

◆　**二、能力目标**

- 能掌握 Windows Admin Center 安装步骤；
- 能掌握 Windows Admin Center 配置方法。

◆　**三、知识准备**

　　Windows Admin Center 是一个在本地部署的基于浏览器的新管理工具集，如图 2-7-1 所示，让你能够管理 Windows Server，而无须依赖 Azure 或云。利用 Windows Admin Center，你可以完全控制服务器基础结构的各个方面，对于在未连接到 Internet 的专用网络上管理服务器特别有用。

图 2-7-1　**Windows Admin Center 界面**

◆ 四、制订工作计划

◆ 五、任务实施

1. 安装 Windows Admin Center

（1）下载 Windows Admin Center 安装包。进入微软 Windows Admin Center 页面（https：// docs. microsoft. com/zh-cn/windows-server/manage/windows-admin-center/overview），如图 2-7-2 所示，点击立即下载，在弹出的子页面中点击"继续"即可下载，如图 2-7-3 所示。

图 2-7-2　Windows Admin Center 页面

（2）运行下载后的安装包，勾选"我接受这些条款"，然后点击"下一步"按钮，如图 2-7-4 所示。

（3）选择"必需诊断数据"，再点击"下一步"按钮，如图 2-7-5 所示。

（4）勾选更新方式，本任务选择"我不想使用'Microsoft 更新'"选项，然后点击"下一步"按钮，如图 2-7-6 所示。

图 2-7-3　Windows Admin Center 下载页面

图 2-7-4　安装协议窗口　　　　　　　　　图 2-7-5　配置信息窗口

（5）可以自行查看安装方案，然后点击"下一步"按钮，如图 2-7-7 所示。

图 2-7-6　更新方式选择窗口　　　　　　　　图 2-7-7　安装方案窗口

（6）选择"允许 Windows Admin Center 修改此计算机的受信任主机设置"，再点击"下一步"按钮，如图 2-7-8 所示。

（7）设置连接端口号，默认为 443。再设置安全连接 SSL 模式，本任务设置"生成自签名 SSL 证书"，如图 2-7-9 所示，完成后点击"安装"按钮。

图 2-7-8　连接方式设置窗口　　　图 2-7-9　端口选择与连接安全设置窗口

（8）等待几分钟后，系统提示安装完成，如图 2-7-10 所示，点击自动生成的 URL 地址即可进入 Windows Admin Center 界面。

图 2-7-10　安装完成提示窗口

（9）点击 URL 地址后可能会出现乱码现象，如图 2-7-11 所示。可以安装其他浏览器解决此问题，本任务下载安装 Google 浏览器后再进入 URL 地址即可正常显示，如图 2-7-12 所示。

图 2-7-11　浏览器乱码提示

图 2-7-12　正常运行界面

2. 配置 Windows Admin Center

(1)进入 Windows Admin Center 页面后,点击左边"概述"选项可查看本机运行状态信息,如图 2-7-13 所示。

图 2-7-13　系统运行状态数据

(2)选择左边"本地用户和组"后,可以设置添加新用户信息,如图 2-7-14 所示。点击"新建用户",在弹出的窗口中可填写需要创建的用户信息。

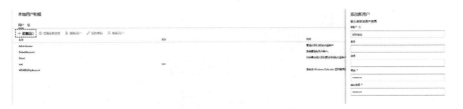

图 2-7-14　本地用户和组设置页面

(3)选择左边"存储"选项可设置磁盘分区,如图 2-7-15 所示。点击"磁盘",再选择"创建卷",在弹出菜单中可以设置磁盘分区。在安装 Windows Server 2019 任务中我们预留了 10 GB 左右的磁盘空间,这时可以把这预留空间划分到驱动器号中,如图 2-7-16 所示。

图 2-7-15　创建磁盘分区

创建卷

驱动器号 *

A

卷标

文件系统 *

NTFS

分配单位大小(字节) *

4096

☐ 使用最大大小可用空间: 9.75 GB)

卷大小(GB) *

9.75

图 2-7-16 创建卷

(4)点击左边"计划任务",可以设置自动运行计划任务,如图 2-7-17 所示。点击"创建",在弹出菜单中填写你需要设置自动运行的程序。本任务设置自动运行 Google 浏览器,如图 2-7-18 所示。添加完成后可查看计划任务项,如图 2-7-19 所示。

图 2-7-17 计划任务窗口

图 2-7-18 添加计划
任务内容

图 2-7-19 计划任务信息

(5)点击左边"角色和功能"选项,可以设置需要安装的服务,如 Web 服务安装、FTP 服务安装等,如图 2-7-20 所示。

(6)点击左边"事件"选项,可以查看本机出现的警报信息,如图 2-7-21 所示。

(7)点击左边"性能监视器"选项,可以设置需要实时监控的数据,如图 2-7-22 所示。点

图 2-7-20　角色和功能窗口

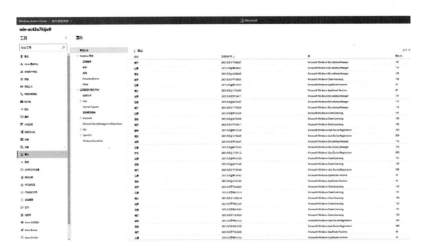

图 2-7-21　事件窗口

击"空白工作区"，筛选需要显示的内容，如图 2-7-23 所示。

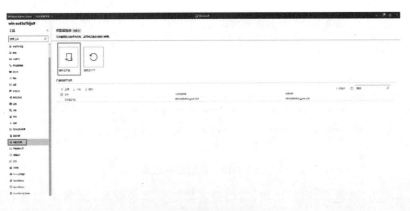

图 2-7-22　性能监视器窗口

图 2-7-23　性能监控筛选窗口

◆ 六、质量自检

序　号	名　　称	完 成 情 况	备　注
1	虚拟机正常运行	□是　□否	
2	操作系统正常运行	□是　□否	
3	正确安装 Windows Admin Center	□是　□否	
4	Windows Admin Center 正常运行	□是　□否	
5	清理软件安装包	□是　□否	
6	整理器材与设备	□是　□否	

◆ 七、交付验收

验 收 项 目	验 收 内 容	验 收 情 况
功能	安装 Google 浏览器	
	运行 Windows Admin Center	
	开启自动运行计划任务	
	划分磁盘空间	
性能	Windows Admin Center 检查系统硬件信息	
	Windows Admin Center 监视网络运行状态	
程序	Google 浏览器安装包	
	Windows Admin Center 安装包	
用户手册	Windows Admin Center 安装手册	
	Windows Admin Center 配置手册	
	计划任务运行手册	

验收人：　　　　　　　　　　　　　确认人：

任务8　**DNS 服务器安装与配置**

◆　一、任务情境描述

　　根域名服务器的作用是解析 DNS,2019 年 6 月,中国工信部批复同意中国互联网络信息中心设立域名根服务器及管理机构。2019 年 6 月 24 日,工业和信息化部发布关于同意互联网域名系统北京市工程研究中心有限公司设立域名根服务器及域名根服务器运行机构的批复。根据工信部的公告,工信部同意互联网域名系统北京市工程研究中心有限公司设立域名根服务器及成为域名根服务器运行机构,负责运行、维护和管理编号分别为 JX0007L 的域名根服务器。中国根服务器的建设,提高了中国用户访问全球站点的速度。

　　域名系统(Domain Name System,DNS)是互联网的一项服务。它作为将域名和 IP 地址相互映射的一个分布式数据库,能够使人更方便地访问互联网。某企业已搭建完 Web 服务器,但目前只能通过 IP 地址方式访问站点。为了让企业员工更便捷地记忆 Web 服务器地址,企业运维部门安排你来搭建域名系统,通过输入企业英文名称来直接访问 Web 服务器。

◆　二、能力目标

　　能掌握 Windows Server 2019 操作系统 DNS 服务器安装方法;
　　能掌握 Windows Server 2019 操作系统 DNS 服务器配置流程;
　　能掌握 Windows Server 2019 操作系统 DNS 服务器测试技巧。

◆　三、知识准备

1. 认识 DNS

　　域名系统(Domain Name System,DNS)是互联网的一项服务。它作为将域名和 IP 地址相互映射的一个分布式数据库,能够使人更方便地访问互联网。DNS 使用 TCP 和 UDP 端口 53,对于每一级域名长度的限制是 63 个字符,域名总长度则不能超过 253 个字符。虽然因特网上的节点都可以用 IP 地址唯一标识,并且可以通过 IP 地址被访问,但即使是将 32 位的二进制 IP 地址写成 4 个 0~255 的十位数形式,也依然太长、太难记。因此,人们发明了域名系统,域名系统可将一个 IP 地址关联到一组有意义的字符上去。用户访问一个网站的时候,既可以输入该网站的 IP 地址,也可以输入其域名,对访问而言,两者是等价的,如图 2-8-1 所示。例如:百度公司的 Web 服务器的 IP 地址是 202.108.22.5,其对应的域名是 www.baidu.com,不管用户在浏览器中输入的是 http://202.108.22.5/还是 www.baidu.com,都可以访问其 Web 网站。

2. DNS 服务器功能

　　DNS 服务器可以提供域名解析服务,域名解析是把域名指向网站空间 IP,让人们通过注册的域名可以方便地访问到网站的一种服务。IP 地址是网络上标识站点的数字地址,为了方便记忆,采用域名来代替 IP 地址标识站点地址。域名解析就是域名到 IP 地址的转换过程,如图 2-8-2 所示。域的解析工作由 DNS 服务器完成。

图 2-8-1　DNS 服务器的应用场景

图 2-8-2　域名解析

3. DNS 服务器类型

DNS 服务器有三种类型：主 DNS 服务器、辅 DNS 服务器、缓存服务器。

（1）主 DNS 服务器。

主 DNS 服务器包含本域内所有的主机名及其对应的 IP 地址，以及一些关于区的信息。主域名服务器可以使用所在区的信息来回答客户机的问询，通过询问其他的域名服务器来获得所需的信息，主域名服务器的信息以资源记录的形式进行存储。

（2）辅 DNS 服务器。

辅 DNS 服务器一般用于主 DNS 服务器的数据备份，辅 DNS 服务器中也有一个存储空间，用于保存从其他服务器中得到的数据信息。

（3）缓存服务器。

缓存服务器通常是为了减少 DNS 的传输量而建立的。当用户向缓存服务器发出询问时，缓存服务器仅仅转发给其他的域名服务器，完成转发后会记录转发信息，如果下次客户发出同样的询问时可以直接用缓存中的信息来回答，无须询问转发给其他的域名服务器。

◆ **四、制订工作计划**

◆ **五、任务实施**

1. 安装 Windows Server 2019 操作系统 DNS 服务器

（1）设置静态 IP 地址，本任务的地址设置为 C 类私有地址，如图 2-8-3 所示。

图 2-8-3 静态 IP 地址设置

（2）点开"服务器管理器"窗口，选择右上角"管理"，再点击"添加角色和功能"选项，如图
2-8-4 所示。

图 2-8-4 服务器管理器窗口

（3）进入安装向导后点击"下一步"按钮，如图 2-8-5 所示。

（4）选择"基于角色或基于功能的安装"选项，再点击"下一步"按钮，如图 2-8-6 所示。

（5）选择"从服务器池中选择服务器"，然后点击服务器池中的计算机，完成后再点击"下
一步"按钮，如图 2-8-7 所示。

（6）勾选"DNS 服务器"，如图 2-8-8 所示，在弹出的窗口中点击"添加功能"按钮，如
图 2-8-9 所示，最后再点击"下一步"按钮。

（7）阅读 DNS 服务器安装注意事项后，点击"下一步"按钮，如图 2-8-10 所示。

图 2-8-5　安装向导界面

图 2-8-6　安装类型选择

图 2-8-7　选择目标服务器

图 2-8-8　选择服务器角色窗口

图 2-8-9　添加功能确认窗口

图 2-8-10　DNS 服务器安装注意事项

(8)确认安装选择内容,无误后点击"安装"按钮进行安装,如图 2-8-11 所示。等待几分钟后 DNS 服务器安装就完成了。

图 2-8-11　安装确认窗口

2. 配置 Windows Server 2019 操作系统 DNS 服务器

(1)再次进入服务器管理器窗口,点击右上角"工具",再选择"DNS"选项,如图 2-8-12 所示。

图 2-8-12　启动 DNS 配置窗口

(2)点击 DNS 管理器左边的计算机名,在弹出的子菜单中用鼠标右键点击"正向查找区域",再选择"新建区域"选项,如图 2-8-13 所示。

图 2-8-13　新建区域

（3）进入新建区域向导窗口，点击"下一步"按钮，如图 2-8-14 所示。

图 2-8-14　新建区域向导

（4）勾选"主要区域"类型，点击"下一步"按钮，如图 2-8-15 所示。

图 2-8-15　创建类型选择

（5）根据个人应用情况填写区域名称，本任务填写 cqcet.local 区域名，如图 2-8-16 所示，填写完成后点击"下一步"按钮。

（6）选择区域文件"创建新文件，文件名为"，系统会自动生成新文件名称，完成后点击"下一步"按钮，如图 2-8-17 所示。

（7）本任务为非动态更新，勾选"不允许动态更新"选项即可，如图 2-8-18 所示。

图 2-8-16　区域名填写

图 2-8-17　区域文件选择

图 2-8-18　动态更新设置

（8）确认新建区域信息后，点击"完成"按钮，如图 2-8-19 所示。

图 2-8-19   确认安装选项窗口

（9）回到 DNS 管理器窗口，选中"反向查找区域"后点击鼠标右键，再选择"新建区域"选项，如图 2-8-20 所示。

图 2-8-20   新建反向查找区域

（10）进入新建区域向导后点击"下一步"按钮，如图 2-8-21 所示。

图 2-8-21   新建区域向导

（11）选择区域类型为"主要区域"，完成后点击"下一步"按钮，如图 2-8-22 所示。

图 2-8-22　区域类型选择

（12）勾选"IPv4 反向查找区域"，再点击"下一步"按钮，如图 2-8-23 所示。

图 2-8-23　反向查找区域选择

（13）勾选"网络 ID"，再填写 IP 地址前三部分，如图 2-8-24 所示。注：IP 地址为本任务安装 DNS 服务器时第一步所设置的地址信息。

图 2-8-24   设置反向查找区域

（14）勾选"创建新文件，文件名为"选项，系统会自动生成文件名，完成后点击"下一步"按钮，如图 2-8-25 所示。

图 2-8-25   创建区域文件

（15）勾选"不允许动态更新"选项，完成后点击"下一步"按钮，如图 2-8-26 所示。

图 2-8-26　动态更新设置

(16)确认安装信息无误后点击"完成"按钮,如图 2-8-27 所示。

图 2-8-27　确认新建区域向导信息

(17)回到 DNS 管理器窗口,点击"正向查找区域",再用鼠标右键点击刚刚新建的区域名称,最后选择"新建主机(A 或 AAAA)"选项,如图 2-8-28 所示。

(18)输入新建主机名称,本任务中名称填写为 www,IP 地址为安装 DNS 服务器第一步设置的地址信息,如图 2-8-29 所示,填写完成后点击"添加主机"按钮。

图 2-8-28   新建主机

图 2-8-29   新建主机信息窗口

（19）回到 DNS 管理器窗口，点击"反向查找区域"，再用鼠标右键点击刚刚新建的反向区域名称，然后选择"新建指针（PTR）"选项，如图 2-8-30 所示。

图 2-8-30   新建指针

（20）填写本机 IP 地址，再点击"浏览"按钮，如图 2-8-31 所示。

（21）鼠标双击计算机名称，如图 2-8-32 所示。

（22）鼠标双击"正向查找区域"，如图 2-8-33 所示。

（23）鼠标双击区域名称，如图 2-8-34 所示。

（24）鼠标双击主机名称，如图 2-8-35 所示，选中后点击"确定"按钮。

图 2-8-31 指针设置 1

图 2-8-32 指针设置 2

图 2-8-33 指针设置 3

图 2-8-34 指针设置 4

（25）完成主机名选择后，系统会自动生成主机名称，如图 2-8-36 所示，最后点击"确定"按钮。

图 2-8-35 指针设置 5

图 2-8-36 完成指针设置

3. 测试 Windows Server 2019 操作系统 DNS 服务器

（1）重新新建一台虚拟机系统或使用物理机进行测试，并修改测试机的 DNS 地址为刚刚新建的 DNS 服务器 IP 地址，如图 2-8-37 所示。

图 2-8-37　修改测试机 DNS 地址

（2）打开测试机命令提示符窗口，输入测试命令 nslookup www.cqcet.local，完成后点击回车按键，系统会提示 www.cqcet.local 域名指向的 IP 地址；若要反向查询，可以输入 nslookup 192.168.0.182 查看 IP 地址对应的域名称，如图 2-8-38 所示。注：nslookup 命令后面的域名和 IP 地址都是之前任务中设置的信息。

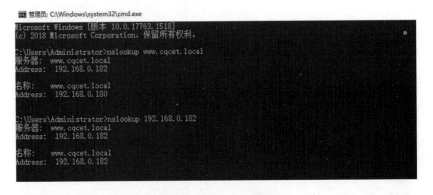

图 2-8-38　测试 DNS 服务器

◆　六、质量自检

序　号	名　　称	完成情况	备　注
1	虚拟机正常运行	□是　□否	
2	操作系统正常运行	□是　□否	
3	正确安装 DNS 服务器	□是　□否	

续表

序　号	名　　称	完 成 情 况	备　注
4	正确配置 DNS 服务器	□是　□否	
5	nslookup 测试正常	□是　□否	
6	清理软件安装包	□是　□否	
7	整理器材与设备	□是　□否	

◆　七、交付验收

验 收 项 目	验 收 内 容	验 收 情 况
功能	DNS 域名称设置为"姓名.com"形式,姓名为拼音	
性能	单独搭建一台虚拟机操作系统	
	测试机与 DNS 服务器 Ping 测试成功	
	测试机与 DNS 服务器 nslookup 测试成功	
程序	无	
用户手册	DNS 安装手册	
	DNS 配置手册	
	DNS 测试手册	

验收人：　　　　　　　　　　　　确认人：

◆　八、知识拓展

nslookup 是一种网络管理命令行工具,可用于查询 DNS 域名和 IP 地址对应记录。nslookup 可以指定查询的类型,可以查到 DNS 记录的生存时间,还可以指定使用哪个 DNS 服务器进行解释。该命令的格式是 nslookup[-opt] Server/host,其中-opt 是参数,如-qt＝A 表示地址记录(IPv4),-qt＝AAAA 表示地址记录(IPv6),-qt＝NS 表示名字服务器记录等。

◆　九、课后习题

1. 填空题

(1)DNS 使用 TCP 和 UDP 端口＿＿＿＿＿＿。

(2)DNS 服务器可以提供＿＿＿＿＿＿服务。

(3)DNS 服务器有三种类型：＿＿＿＿＿＿、＿＿＿＿＿＿、＿＿＿＿＿＿。

(4)nslookup 是一种网络管理命令行工具,可用于查询＿＿＿＿＿＿和＿＿＿＿＿＿对应记录。

（5）辅 DNS 服务器一般用于主 DNS 服务器的＿＿＿＿＿＿＿＿＿。

2. 判断题

（1）主域名服务器的信息以资源记录的形式进行存储。（　　　）

（2）域名解析就是域名到 IP 地址的转换过程。（　　　）

（3）IP 地址是网络上标识站点的数字地址，为了方便记忆，采用域名来代替 IP 地址标识站点地址。（　　　）

（4）用户访问一个网站的时候，既可以输入该网站的 IP 地址，也可以输入其域名。（　　　）

（5）域名系统是互联网的一项服务。（　　　）

3. 简答题

（1）请简述 Windows Server 2019 操作系统安装 DNS 服务器的基本步骤。

任务 9　DHCP 服务器安装与配置

◆　**一、任务情境描述**

DHCP（动态主机配置协议）通常被应用在大型的局域网络环境中，主要作用是集中地管理、分配 IP 地址，使网络环境中的主机动态地获得 IP 地址、Gateway 地址、DNS 服务器地址等信息，并能够提升地址的使用率。某公司想通过服务器来管理局域网中的 IP 地址，你需要完成 DHCP 服务器的安装与配置工作。

◆　**二、能力目标**

能了解 DHCP 基本功能；

能掌握 DHCP 服务器安装方式；

能掌握 DHCP 服务器配置步骤。

◆　**三、知识准备**

1. 认知 DHCP

DHCP（Dynamic Host Configuration Protocol，动态主机配置协议）通常被应用在大型的局域网络环境中，主要作用是集中地管理、分配 IP 地址，使网络环境中的主机动态地获得 IP 地址、Gateway 地址、DNS 服务器地址等信息，并能够提升地址的使用率。DHCP 采用客户端/服务器模型，主机地址的动态分配任务由网络主机驱动。当 DHCP 服务器接收到来自网络主机申请地址的信息时，才会向网络主机发送相关的地址配置等信息，以实现网络主机地址信息的动态配置。

2. DHCP 服务器功能

两台连接到互联网上的计算机相互之间通信，必须有各自的 IP 地址，由于 IP 地址资源有限,宽带接入运营商不能做到给每个报装宽带的用户都分配一个固定的 IP 地址(所谓固定 IP 就是即使在你不上网的时候,别人也不能用这个 IP 地址,这个资源一直被你所独占),所以要采用 DHCP 方式对上网的用户进行临时的地址分配。也就是你的电脑连上网,DHCP 服务器才从地址池里临时分配一个 IP 地址给你,每次上网分配的 IP 地址可能会不一样,这跟当时的 IP 地址资源有关。当你下线的时候,DHCP 服务器可能就会把这个地址分配给之后上线的其他电脑。这样就可以有效节约 IP 地址,既保证了网络通信,又提高了 IP 地址的使用率。

在一个使用 TCP/IP 协议的网络中,每一台计算机都必须至少有一个 IP 地址,才能与其他计算机连接通信。为了便于统一规划和管理网络中的 IP 地址,DHCP 应运而生了。这种网络服务有利于对网络中的客户机 IP 地址进行有效管理,而不需要一个一个手动指定 IP 地址。

DHCP 用一台或一组 DHCP 服务器来管理网络参数的分配,这种方案具有容错性。即使在一个仅拥有少量机器的网络中,DHCP 仍然是有用的,因为一台机器可以几乎不造成任何影响地被增加到本地网络中。甚至对于那些很少改变地址的服务器来说,DHCP 仍然被建议用来设置它们的地址。如果服务器需要被重新分配地址(RFC2071),就可以在尽可能少的地方去做这些改动。对于一些设备,如路由器和防火墙,则不应使用 DHCP。把 TFTP 或 SSH 服务器放在同一台运行 DHCP 的机器上也是有用的,目的是集中管理。

DHCP 也可用于直接为服务器和桌面计算机分配地址,并且通过一个 PPP 代理,也可为拨号及宽带主机,以及住宅 NAT 网关和路由器分配地址。DHCP 一般不适合使用在无边际路由器和 DNS 服务器上。

3. DHCP 工作原理

DHCP 采用 UDP 作为传输协议,主机发送请求消息到 DHCP 服务器的 67 号端口,DHCP 服务器回应应答消息给主机的 68 号端口。DHCP Client 以广播的方式发出 DHCP Discover 报文,所有的 DHCP Server 都能够接收和响应 DHCP Client 发送的 DHCP Discover 报文。DHCP Offer 报文中"Your(Client) IP Address"字段就是 DHCP Server 能够提供给 DHCP Client 使用的 IP 地址,且 DHCP Server 会将自己的 IP 地址放在"option"字段中以便 DHCP Client 区分不同的 DHCP Server。DHCP Client 会发出一个广播的 DHCP Request 报文,在选项字段中会加入选中的 DHCP Server 的 IP 地址和需要的 IP 地址。当 DHCP Server 收到 DHCP Request 报文后,判断选项字段中的 IP 地址是否与自己的地址相同。如果不相同,DHCP Server 不做任何处理,只清除相应 IP 地址分配记录;如果相同,DHCP Server 就会向 DHCP Client 响应一个 DHCP ACK 报文,并在选项字段中增加 IP 地址的使用租期信息。DHCP Client 接收到 DHCP ACK 报文后,检查 DHCP Server 分配的 IP 地址是否能够使用。如果可以使用,则 DHCP Client 成功获得 IP 地址并根据 IP 地址使用租期自动启动续延过程;如果 DHCP Client 发现分配的 IP 地址已经被使用,则 DHCP Client 向 DHCP Server 发出 DHCP Decline 报文,通知 DHCP Server 禁用这个 IP 地址,然后 DHCP Client 开始新的地址申请过程。DHCP Client 在成功获取 IP 地址后,随时可以通过发送 DHCP Release 报文释放自己的 IP 地址,DHCP Server 收到 DHCP Release 报文后,会回收相应的 IP 地址并重新分配。

◆   四、制订工作计划

◆   五、任务实施

1. 安装 DHCP 服务器

(1)配置服务器 IP 地址为静态地址,如图 2-9-1 所示,本任务中设置的 IP 地址为 C 类的私有地址。

图 2-9-1　静态 IP 地址设置

(2)进入服务器管理器窗口,点击右上角"管理"选项,再点击"添加角色和功能",如图 2-9-2 所示。

(3)进入添加角色和功能向导后,点击"下一步"按钮,如图 2-9-3 所示。

图 2-9-2　服务器管理器窗口

图 2-9-3　添加角色和功能向导

（4）选择"基于角色或基于功能的安装"选项，再点击"下一步"按钮，如图 2-9-4 所示。

图 2-9-4　选择安装类型

（5）选择"从服务器池中选择服务器"选项，在服务器池中选中本机信息，如图 2-9-5 所示，完成后点击"下一步"按钮。

图 2-9-5   选择目标服务器

（6）勾选角色中"DHCP 服务器"，如图 2-9-6 所示，在弹出的窗口中选择"添加功能"按钮，如图 2-9-7 所示。完成后再点击"下一步"按钮。

图 2-9-6   选择服务器角色

图 2-9-7   添加功能选项

（7）进入选择功能窗口，点击"下一步"按钮即可，如图 2-9-8 所示。

图 2-9-8　选择功能

（8）查看安装注意事项，完成后点击"下一步"按钮，如图 2-9-9 所示。

图 2-9-9　安装注意事项

（9）确认安装所选内容，无误后点击"安装"按钮，如图 2-9-10 所示。

（10）等待几分钟后，DHCP 服务器就完成安装，点击"关闭"按钮即可，如图 2-9-11 所示。

2. 配置 DHCP 服务器

（1）点开服务器管理器窗口，点击右上角"工具"选项，再选择"DHCP"，如图 2-9-12 所示。若未出现"DHCP"选项，需重新安装 DHCP 服务器。

图 2-9-10　确认安装选择内容

图 2-9-11　安装 DHCP 服务器

图 2-9-12　服务器管理器窗口

（2）点击左边本机名称后，再用鼠标右键点击"IPv4"，在弹出的子菜单中选择"新建作用域"选项，如图 2-9-13 所示。

图 2-9-13　新建作用域

（3）进入新建作用域向导，点击"下一步"按钮，如图 2-9-14 所示。

图 2-9-14　新建作用域向导

（4）填写作用域名称，完成后点击"下一步"按钮，如图 2-9-15 所示。

图 2-9-15　作用域名称填写

(5)填写 DHCP 服务器需要分配出去的 IP 地址范围,如图 2-9-16 所示。注:所分配的 IP 地址范围以及子网掩码需和本机设置的 IP 地址对应。

图 2-9-16　分配的 IP 地址范围填写

(6)根据应用需要可设置排除分配的 IP 地址,如图 2-9-17 所示。

(7)分配 IP 地址租用期限,默认为 8 天,如图 2-9-18 所示。设置完成后点击"下一步"按钮。

图 2-9-17　添加排除地址范围

图 2-9-18　租用期限设置

（8）设置配置 DHCP 选项，点击"是，我想现在配置这些选项"，然后点击"下一步"按钮，如图 2-9-19 所示。

（9）设置默认网关，本任务设置网关为 192.168.0.1，如图 2-9-20 所示。注：可以根据你所在的网络查看网关具体地址，若局域网中无网关可用，本机地址也可作为网关地址。

图 2-9-19　配置 DHCP 选项

图 2-9-20　网关地址设置

(10)若网络中有 DNS 服务器，可以添加域名称或 DNS 服务器地址，如图 2-9-21 所示。

(11)添加 WINS 服务器，如图 2-9-22 所示。本任务中未使用 WINS 服务器，可直接点击"下一步"按钮。

(12)点击"是，我想现在激活此作用域"进行激活操作，如图 2-9-23 所示。

图 2-9-21　添加域名称和 DNS 服务器

图 2-9-22　添加 WINS 服务器

图 2-9-23　激活作用域

(13)点击"完成"按钮,结束 DHCP 服务器配置任务,如图 2-9-24 所示。

图 2-9-24　完成新建作用域向导

3. 测试 DHCP 服务器

(1)通过虚拟机新建并安装一套操作系统,再选择才安装好的虚拟机名称,点击右键,选择"设置",从设置窗口中点击"网络",最后把网络窗口中的连接方式改为"仅主机(Host-Only)网络"模式,如图 2-9-25 所示。注:本任务采用 VM VirtualBox 虚拟机,需要重新安装一套系统,不是改 DHCP 服务器的虚拟机配置。

图 2-9-25　配置虚拟机

(2)选择虚拟机左上的"管理"菜单,点击"主机网络管理器"选项,在弹出的子菜单中取消勾选 DHCP 服务器"启动",如图 2-9-26 所示。

图 2-9-26　虚拟机网络配置

（3）在主机网络管理器窗口下方选中"自动配置网卡"模式，如图 2-9-27 所示。

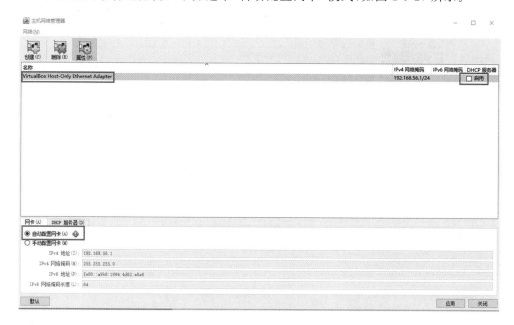

图 2-9-27　网卡模式选择

（4）进入测试的虚拟机系统中，开打网络适配器，从以太网属性的 Internet 协议版本 4 中设置自动获取 IP 地址和 DNS 服务器地址，如图 2-9-28 所示。注：网络地址配置，可参考前面任务。

图 2-9-28　虚拟机地址修改

（5）等待几秒后测试机 IP 地址就自动获取到刚刚新建的 DHCP 服务器配置地址，如图 2-9-29 所示。在 DHCP 服务器中"地址池"也能查看到测试机的地址信息，如图 2-9-30 所示。

图 2-9-29　测试机自动获取到的 IP 地址信息

图 2-9-30　DHCP 服务器地址池信息

◆ 六、质量自检

序　号	名　　称	完 成 情 况	备　注
1	虚拟机正常运行	□是　□否	
2	操作系统正常运行	□是　□否	
3	测试机操作系统正常运行	□是　□否	
4	DHCP 服务器静态 IP 地址修改	□是　□否	
5	DHCP 服务器安装配置完成	□是　□否	

续表

序　　号	名　　　称	完 成 情 况	备　　注
6	测试机地址分配成功	□是　□否	
7	整理器材与设备	□是　□否	

◆　七、交付验收

验 收 项 目	验 收 内 容	验 收 情 况
功能	完成 DHCP 服务器安装与配置	
	完成 1 台以上测试机系统安装	
性能	DHCP 服务器设置划分 IP 地址 20 个	
程序		
用户手册	DHCP 服务器地址配置手册	
	DHCP 服务器安装配置手册	
	DHCP 服务器 IP 地址划分手册	

验收人：　　　　　　　　　　确认人：

◆　八、知识拓展

　　WINS 是 Windows Internet Name Server（Windows 网络名称服务）的简称，是微软开发的域名服务系统。WINS 为 NetBIOS 名字提供名称注册、更新、释放和转换服务，这些服务允许 WINS 服务器维护一个将 NetBIOS 名链接到 IP 地址的动态数据库，大大减轻了网络交通的负担。

　　WINS 是基于客户/服务器模型的，它有两个重要的部分：WINS 服务器和 WINS 客户。我们首先看一下服务器，它主要负责处理由客户发来的名称和 IP 地址的注册和解除注册信息。如果 WINS 客户进行查询时，服务器会返回当前查询名下的 IP 地址。服务器还负责对数据库进行备份。而客户主要在加入或离开网络时向 WINS 服务器注册自己的名称或解除注册。当然了，在进行通信的时候它也向服务器进行查询，以确定远程计算机的地址。

　　我们使用 WINS 的好处在什么地方呢？WINS 就是以集中的方式进行 IP 地址和计算机名称的映射，这种方式可以简化网络的管理，减少网络内的通信量，但是这种集中式的管理方式可以和星型结构相比，我们有理由怀疑它可能会成为网络的瓶颈。在本地的域控制器不在路由器管理网段的另一段时，客户仍然可以浏览远程域，在集中处理的时候，数据都会集中于这个服务器中，一定要注意不要让这个节点失败。

WINS 的另外一个重要特点是可以和 DNS 进行集成。这使得非 WINS 客户通过 DNS 服务器解析获得 NetBIOS 名。这为网络管理提供了方便，也为异种网的连接提供了另一种手段。

我们可以看到，使用集中管理可以使管理工作大大简化，但是使网络拓扑结构出现了中心节点，这是一个隐性的瓶颈。而如果采用分布式的管理方式，却有个一致性的问题，也就是如果一个服务器知道了这个改变，而另一个不知道，那数据就不一致了，这时候要有一些复杂的算法来解决这一问题。两台服务器要想知道对方的情况，不可能不进行通信，也就无形中加重了网络负担。网络就是这样，集中起来就加大了单机的处理压力，而分布了就增加了网络传输量，天下没有十全十美的事情。

◆ 九、课后习题

1.填空题

(1)DHCP 中文全称为＿＿＿＿＿＿＿＿＿。

(2)DHCP 协议采用＿＿＿＿＿和＿＿＿＿＿模型。

(3)在一个使用 ＿＿＿＿＿ 协议的网络中，每一台计算机都必须至少有一个＿＿＿＿＿地址，才能与其他计算机连接通信。

(4)DHCP 用一台或一组 DHCP 服务器来管理＿＿＿＿＿的分配，这种方案具有容错性。

(5)DHCP 采用 UDP 作为传输协议，主机发送请求消息到 DHCP 服务器的＿＿＿＿＿端口，DHCP 服务器回应应答消息给主机的＿＿＿＿＿端口。

2.判断题

(1)当 DHCP Server 收到 DHCP Request 报文后，会判断选项字段中的 IP 地址是否与自己的地址相同。（　　）

(2)DHCP Client 接收到 DHCP ACK 报文后，会检查 DHCP Server 分配的 IP 地址是否能够使用。（　　）

(3)WINS 是 Windows Internet Name Server 的简称，是微软开发的域名服务系统。（　　）

(4)WINS 的一个重要特点是可以和 DNS 进行集成。（　　）

(5)家庭用户一般通过小型路由器来集成 DHCP 服务功能。（　　）

3.简答题

(1)请简述 DHCP 服务器可以应用在哪些领域。

(2)请简述 Windows Server 2019 搭建 DHCP 服务器的步骤。

任务 10 操作系统活动目录搭建与终端域接入

◆ 一、任务情境描述

目录服务在微软平台上从 Windows Server 2000 开始引入,活动目录是目录服务在微软平台的一种实现方式。活动目录服务是 Windows 平台的核心组件,它为用户管理网络环境各个组成要素的标识和关系提供了一种有力的手段。某企业需要搭建活动目录服务,让终端用户接入活动目录服务进行统一管理和运维,你作为企业运维工程师需完成活动目录服务器搭建与终端用户接入任务。

◆ 二、能力目标

能了解活动目录基础知识;
能掌握活动目录安装步骤;
能掌握活动目录配置方法;
能掌握终端用户连接活动目录方法。

◆ 三、知识准备

1. 认识活动目录

活动目录(Active Directory)是面向 Windows Standard Server、Windows Enterprise Server 以及 Windows Datacenter Server 的目录服务。目录服务在微软平台上从 Windows Server 2000 开始引入,活动目录是目录服务在微软平台的一种实现方式。活动目录服务是 Windows 平台的核心组件,它为用户管理网络环境各个组成要素的标识和关系提供了一种有力的手段。

2. 活动目录主要功能

活动目录主要提供以下功能:

①服务器及客户端计算机管理:管理服务器及客户端计算机账户,所有服务器及客户端计算机加入域管理并实施组策略。

②用户服务:管理用户域账户、用户信息、企业通信录(与电子邮件系统集成)以及用户组管理、用户身份认证、用户授权管理等,按省实施组管理策略。

③资源管理:管理打印机、文件共享服务等网络资源。

④桌面配置:系统管理员可以集中地配置各种桌面配置策略,如用户使用域中资源权限限制、界面功能的限制、应用程序执行特征限制、网络连接限制、安全配置限制等。

⑤应用系统支撑:支持财务、人事、电子邮件、企业信息门户、办公自动化、补丁管理、防病毒系统等各种应用系统。

3. 活动目录结构

活动目录的逻辑结构包括域(Domain)、域树(Domain Tree)、林(Forest)和组织单元(Organization Unit)。

域是一种逻辑分组，准确地说是一种环境，域是安全的最小边界。域环境能对网络中的资源进行集中统一的管理，要想实现域环境，你必须在计算机中安装活动目录。

域树是由一组具有连续命名空间的域组成的。域树内的所有域共享一个 Active Directory（活动目录），这个活动目录内的数据分散地存储在各个域内，且每一个域只存储该域内的数据，如该域内的用户账户、计算机账户等，Windows Server 将存储在各个域内的对象总称为 Active Directory。

林是由一棵或多棵域树组成的，每棵域树独享连续的命名空间，不同域树之间没有命名空间的连续性。林中第一棵域树的根域也是整个林的根域，同时也是林的名称。

组织单元（OU）是一种容器，它里面可以包含对象（用户账户、计算机账户等），也可以包含其他的组织单元（OU）。

4. 活动目录安全性

目录对象的访问控制集成在 Active Directory 之中。通过单点网络登录，管理员可以管理分散在网络各处的目录数据和组织单元，经过授权的网络用户可以访问网络任意位置的资源。基于策略的管理则简化了网络的管理，即便是那些最复杂的网络也是如此。Active Directory 通过对象访问控制列表以及用户凭据保护其存储的用户账户和组信息。例如，在用户登录到网络上的时候，安全系统首先利用存储在 Active Directory 中的信息验证用户的身份，然后，在用户试图访问网络服务的时候，系统会检查在服务的自由访问控制列表中所定义的属性。

Active Directory 允许管理员创建组账户，管理员得以更加有效地管理系统的安全性。例如，通过调整文件的属性，管理员能够允许某个组中的所有用户读取该文件。通过这种办法，系统将根据用户的组成员身份控制其对 Active Directory 中对象的访问操作。

◆ 四、制订工作计划

◆ 五、任务实施

1. 安装 Windows Server 2019 操作系统活动目录

(1)设置活动目录服务器静态 IP 地址,如图 2-10-1 所示,本任务活动目录服务器设置为 C 类私有地址。注:设置活动目录服务器地址时建议 DNS 服务器地址和活动目录服务器地址一致。

图 2-10-1　设置 IP 地址

(2)进入服务器管理器窗口,点击右上角"管理"选项,再选择"添加角色和功能",如图 2-10-2 所示。

图 2-10-2　服务器管理器窗口

(3)进入添加角色和功能向导,点击"下一步"按钮,如图 2-10-3 所示。

(4)选择"基于角色或基于功能的安装",再点击"下一步"按钮,如图 2-10-4 所示。

图 2-10-3　添加角色和功能向导

图 2-10-4　选择安装类型

（5）选择"从服务器池中选择服务器"选项，然后在服务器池中选中本机信息，最后点击"下一步"按钮，如图 2-10-5 所示。

图 2-10-5　选择目标服务器

（6）勾选角色菜单中的"Active Directory 域服务"选项，如图 2-10-6 所示，在弹出的子菜单中点击"添加功能"按钮，如图 2-10-7 所示。完成后点击"下一步"按钮。

图 2-10-6 选择服务器角色

图 2-10-7 添加功能窗口

（7）进入选择功能窗口，点击"下一步"按钮，如图 2-10-8 所示。

图 2-10-8 选择功能窗口

（8）查看 Active Directory 域服务注意事项，阅读后点击"下一步"按钮，如图 2-10-9 所示。

（9）确认需要安装内容无误后，点击"安装"按钮，如图 2-10-10 所示。

图 2-10-9　查看注意事项窗口

图 2-10-10　确认安装信息窗口

（10）等待几分钟后，系统提示安装成功，再点击"关闭"按钮，如图 2-10-11 所示。活动目录的安装任务到此结束。

图 2-10-11　安装窗口

2. 配置 Windows Server 2019 操作系统活动目录

(1)进入服务器管理器窗口,点击右上角感叹号,在弹出菜单中选择"将此服务器提升为域控制器",如图 2-10-12 所示。

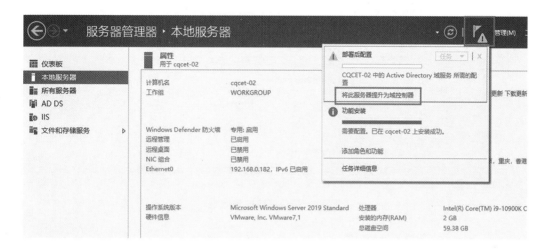

图 2-10-12　配置活动目录

(2)在选择部署操作界面选择"添加新林"选项,再设置根域名的名称,如图 2-10-13 所示。注:此处设置的域名是后续终端用户接入时输入的名称。

图 2-10-13　部署配置

(3)选择新林和根域的功能级别为 WindowsServer 2016,再设置目录服务还原模式密码,如图 2-10-14 所示。

(4)进入 DNS 选项,系统会检查 DNS 服务器信息,检查完成后直接点击"下一步"按钮,如图 2-10-15 所示。

(5)设置 NetBIOS 域名称,如图 2-10-16 所示。

(6)设置活动目录文件保存路径,完成后点击"下一步"按钮,如图 2-10-17 所示。

图 2-10-14　域控制器选项

图 2-10-15　DNS 选项窗口

图 2-10-16　设置其他选项

图 2-10-17　文件保存路径设置

（7）查看刚刚设置的选项信息，确认无误后点击"下一步"按钮，如图 2-10-18 所示。注：记住新域名信息，后续终端用户接入时需要填写此域名。

图 2-10-18　查看选项窗口

（8）进入先决条件检查窗口，系统将会检查安装条件，如图 2-10-19 所示，检查完成后点击"安装"按钮。

图 2-10-19　先决条件检查

（9）安装中系统会提示注销当前用户信息，如图 2-10-20 所示。

图 2-10-20　注销登录窗口

（10）重启系统后，此时登录界面用户名称前加入了刚刚新建的活动目录 NetBIOS 名称，然后输入登录密码就完成了活动目录的配置任务，如图 2-10-21 所示。

图 2-10-21　域用户登录界面

3. 终端用户接入 Windows Server 2019 操作系统活动目录

（1）进入服务器管理器窗口，选择右上角"工具"选项，再点击"Active Directory 用户和计算机"选项，如图 2-10-22 所示。

图 2-10-22　服务器管理器窗口

（2）在"Active Directory 用户和计算机"窗口点击左边新建的活动目录域名，再点击

"Users"选项,在中间空白区域点击鼠标右键,选择"新建",在弹出的子菜单中点击"用户",如图 2-10-23 所示。

图 2-10-23 新建用户

(3)添加新建用户信息,如图 2-10-24 所示,此用户为终端用户。完成后点击"下一步"按钮。

(4)填写用户登录密码,取消勾选下方密码设置选项,如图 2-10-25 所示。完成后点击"下一步"按钮。

图 2-10-24 创建用户信息　　　　图 2-10-25 添加用户密码

(5)查看用户创建信息,确认无误后点击"完成"按钮,如图 2-10-26 所示。

(6)创建终端接入的虚拟机并安装操作系统,进入终端机服务器管理器,再点击网卡信息,如图 2-10-27 所示。注:若终端机不是网络操作系统,可以通过进入"更改网络适配器选项"修改地址。

图 2-10-26　查看用户信息

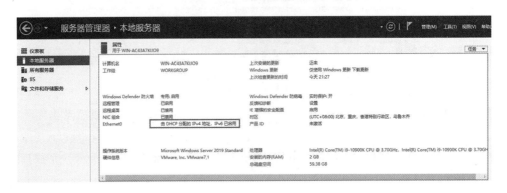

图 2-10-27　服务器管理器窗口

（7）设置终端机 IP 地址为自动获取，DNS 服务器填写活动目录服务器的 IP 地址，如图 2-10-28 所示。

图 2-10-28　设置终端机地址

(8)进入服务器管理器窗口,点击工作组名称,如图 2-10-29 所示。注:若终端机不是网络操作系统,可通过鼠标右键点击桌面"此电脑"图标,选择"属性",在属性窗口中找到计算机工作组设置。

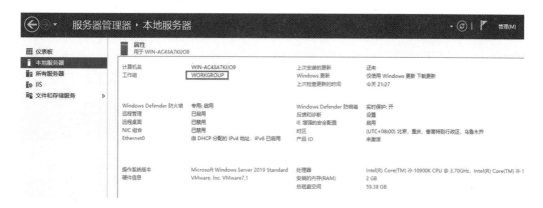

图 2-10-29　设置工作组

(9)进入系统属性的"计算机名"窗口,点击"更改"按钮,如图 2-10-30 所示。

图 2-10-30　系统属性窗口

(10)选择隶属于区域中的"域",再输入活动目录域名,如图 2-10-31 所示。完成后点击"确定"按钮,系统将提示加入域成功,如图 2-10-32 所示。

(11)系统重启后登录界面选择"其他用户",再输入活动目录新建的用户名称和密码,点击登录,如图 2-10-33 所示。

图 2-10-31　设置域登录　　　　　图 2-10-32　提示加入域成功窗口

图 2-10-33　终端用户登录界面

(12)回到活动目录服务器,进入"Active Directory 用户和计算机"窗口,点击左边"Computers"可查看终端用户连接信息,如图 2-10-34 所示。

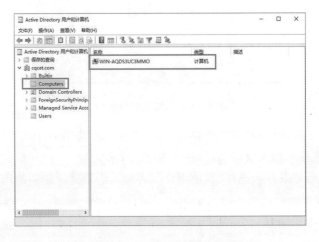

图 2-10-34　查看终端用户登录信息

◆ 六、质量自检

序　号	名　称	完成情况	备　注
1	虚拟机正常运行	□是　□否	
2	操作系统正常运行	□是　□否	
3	测试终端机正常运行	□是　□否	
4	测试终端机与服务器网络测试成功	□是　□否	
5	活动目录安装成功	□是　□否	
6	整理器材与设备	□是　□否	

◆ 七、交付验收

验收项目	验收内容	验收情况
功能	新建域名"××.com"。注：××为姓名拼音	
	服务器创建终端接入的人事部门、业务部门两个组	
	服务器创建终端用户，每组中包含 2 个用户	
性能	开启终端用户不能修改密码	
程序		
用户手册	活动目录安装配置手册	
	活动目录域名地址手册	
	终端用户接入活动目录服务器手册	

验收人：　　　　　　　　　　　　确认人：

◆ 八、课后习题

1. 填空题

（1）活动目录是面向 ＿＿＿＿＿＿＿＿＿＿ 、＿＿＿＿＿＿＿＿＿＿ 以及 Windows Datacenter Server 的目录服务。

（2）活动目录服务是＿＿＿＿＿＿平台的核心组件，它为用户管理网络环境各个组成要素的标识和关系提供了一种有力的手段。

（3）活动目录的逻辑结构包括_____、_____、_____和组织单元。

（4）域环境能对网络中的资源进行集中统一的管理，要想实现域环境，你必须在计算机中安装_____。

2.判断题

（1）域树是由一组具有连续命名空间的域组成的。（　　）

（2）林是由一棵或多棵域树组成的，每棵域树独享连续的命名空间，不同域树之间没有命名空间的连续性。（　　）

（3）目录对象的访问控制集成在 Active Directory 之中。（　　）

（4）Active Directory 允许管理员创建组账户，管理员得以更加有效地管理系统的安全性。（　　）

3.简答题

（1）请简述活动目录的优势。

（2）请简述 Windows Server 2019 域用户连接方式。

任务 11 | # Windows Server 2019 操作系统备份与还原

◆　一、任务情境描述

企业服务器在日常使用中都储存着各类重要数据，为了防止因计算机故障而造成的丢失及损坏，几乎每个周期都需要进行数据的备份管理。备份数据是在原始文件中独立出来单独储存的程序或文件副本，并在需要时将已经备份的文件还原。你作为运维工程师，需完成对公司服务器的日常备份配置任务和部分文件定期还原任务。

◆　二、能力目标

能掌握 Windows Server 2019 操作系统备份配置方法；

能掌握 Windows Server 2019 操作系统恢复步骤。

◆　三、知识准备

1.认识数据备份

数据备份是容灾的基础，是指为防止系统出现操作失误或系统故障导致数据丢失，而将全部或部分数据集合从应用主机的硬盘或阵列复制到其他的存储介质的过程。传统的数据备份主要是采用内置或外置的磁带机进行冷备份。但是这种方式只能防止操作失误等人为故障，而且其恢复时间也很长。随着技术的不断发展，数据的海量增加，不少的企业开始采用网络备份。网络备份一般通过专业的数据存储管理软件结合相应的硬件和存储设备来实现。

2.数据备份常见的方式

（1）定期磁带。

①远程磁带库、光盘库备份，即将数据传送到远程备份中心制作完整的备份磁带或

光盘。

②远程关键数据＋磁带备份，采用磁带备份数据，生产机实时向备份机发送关键数据。

（2）数据库。

就是在与主数据库所在生产机相分离的备份机上建立主数据库的一个拷贝。

（3）网络数据。

这种方式是对生产系统的数据库数据和所需跟踪的重要目标文件的更新进行监控与跟踪，并将更新日志实时通过网络传送到备份系统，备份系统则根据日志对磁盘进行更新。

（4）远程镜像。

通过高速光纤通道线路和磁盘控制技术将镜像磁盘延伸到远离生产机的地方，镜像磁盘数据与主磁盘数据完全一致，更新方式为同步或异步。

数据备份必须要考虑到数据恢复的问题，包括采用双机热备、磁盘镜像或容错、备份磁带异地存放、关键部件冗余等多种灾难预防措施。这些措施能够在系统发生故障后进行系统恢复。但是这些措施一般只能处理计算机单点故障，对区域性、毁灭性灾难则束手无策，也不具备灾难恢复能力。

◆ 四、制订工作计划

五、任务实施

1. 安装 Windows Server 2019 操作系统备份服务

（1）本任务使用 VM VirtualBox 虚拟机，点击虚拟机"设置"按钮，选择"存储"选项，再点击"添加虚拟硬盘"按钮，如图 2-11-1 所示。

（2）点击"创建"按钮，再选择"VHD（虚拟硬盘）"类型，如图 2-11-2 所示。

图 2-11-1　虚拟机属性窗口

图 2-11-2　虚拟硬盘类型选择

（3）选择"动态分配"选项，再点击"下一步"按钮，如图 2-11-3 所示。

（4）设置磁盘划分空间，完成后点击"创建"按钮，如图 2-11-4 所示。

图 2-11-3　存储硬盘类型选择　　　　图 2-11-4　磁盘位置和大小设置

（5）选中刚刚新建的磁盘，再点击"选择"按钮，如图 2-11-5 所示。

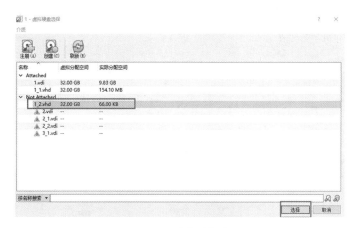

图 2-11-5　磁盘选择窗口

（6）完成磁盘添加后，点击"OK"按钮，如图 2-11-6 所示。

图 2-11-6　存储介质添加窗口

（7）进入操作系统的服务器管理器窗口，点击右上角"工具"选项，再点击"计算机管理"，如图 2-11-7 所示。

图 2-11-7　服务器管理器窗口

（8）点击左边"磁盘管理"，此时弹出"初始化磁盘"窗口，勾选选择磁盘下的选项，再点击"确定"按钮，如图 2-11-8 所示。

图 2-11-8　磁盘管理窗口

（9）点击磁盘管理中的磁盘 1，在未分配区域点击鼠标右键，选择"新建简单卷"选项，如图 2-11-9 所示。

图 2-11-9　新建简单卷

（10）进入新建简单卷向导后，点击"下一步"按钮，如图 2-11-10 所示。

（11）设置简单卷大小空间，完成后点击"下一步"按钮，如图 2-11-11 所示。

（12）选择"分配以下驱动器号"，选择需要使用的驱动器号，完成后点击"下一步"按钮，如图 2-11-12 所示。

图 2-11-10 新建简单卷向导

图 2-11-11 简单卷空间划分

图 2-11-12 分配驱动器号

（13）选择"按下列设置格式化这个卷"选项，勾选"执行快速格式化"选项，如图 2-11-13 所示，完成后点击"下一步"按钮。

图 2-11-13　格式化分区

（14）查看各个配置的磁盘选项，确认无误后点击"完成"按钮，如图 2-11-14 所示。

图 2-11-14　完成新建简单卷向导

（15）进入 C 盘，新建"备份"文件夹，如图 2-11-15 所示。

（16）进入"备份"文件夹后，新建记事本并命名为"备份测试"，如图 2-11-16 所示。

（17）进入服务器管理器窗口，点击右上角"管理"选项，再点击"添加角色和功能"，如图 2-11-17 所示。

图 2-11-15　新建备份文件夹

图 2-11-16　新建测试文件

图 2-11-17　服务器管理器窗口

（18）进入添加角色和功能向导，点击"下一步"按钮，如图 2-11-18 所示。

（19）勾选"基于角色或基于功能的安装"选项，完成后点击"下一步"按钮，如图 2-11-19 所示。

（20）选择"从服务器池中选择服务器"，再点击服务器池中本机信息，最后点击"下一步"按钮，如图 2-11-20 所示。

图 2-11-18　添加角色和功能向导

图 2-11-19　选择安装类型

图 2-11-20　选择目标服务器

（21）在选择服务器角色窗口中直接点击"下一步"按钮，如图 2-11-21 所示。

图 2-11-21 选择服务器角色

（22）进入选择功能窗口，勾选"Windows Server 备份"选项，如图 2-11-22 所示。

图 2-11-22 选择功能

（23）确认安装所选内容无误后，点击"安装"按钮开始安装服务，如图 2-11-23 所示。等待几分钟后安装完毕，再点击"关闭"按钮，如图 2-11-24 所示，到此备份服务安装完成。

2. 配置 Windows Server 2019 操作系统备份服务

（1）进入服务器管理器窗口，点击右上角"工具"选项，再选择"Windows Server 备份"，如图 2-11-25 所示。

图 2-11-23　确认安装所选内容

图 2-11-24　备份服务安装完成

图 2-11-25　服务器管理器窗口

（2）点击左边"本地备份"选项，再点击右边"备份计划"，如图 2-11-26 所示。

图 2-11-26　备份窗口

（3）进入备份计划向导，点击"下一步"按钮，如图 2-11-27 所示。

（4）若要进行整个磁盘备份，可选择"整个服务器"；若要对部分文件备份，可选择"自定义"。本任务选择"自定义"选项，如图 2-11-28 所示。

图 2-11-27　备份计划向导　　　　图 2-11-28　选择备份类型

（5）点击"添加项目"按钮，如图 2-11-29 所示，进行备份内容选择。

图 2-11-29　备份项选择

(6)勾选 C 盘刚刚新建的备份文件夹,完成后点击"确定"按钮,如图 2-11-30 所示。

图 2-11-30   备份内容选择

(7)回到选择备份项窗口,如图 2-11-31 所示。再点击"高级设置",可进行备份排除内容选择,如图 2-11-32 所示。

图 2-11-31   备份选项窗口   图 2-11-32   排除备份内容窗口

(8)设置指定备份时间,可以每日一次备份或每日多次备份。本任务设置每日一次备份模式,如图 2-11-33 所示。选中"每日一次"备份,再设置备份时间。

(9)设置备份存储位置,可以设置备份到硬盘或网络磁盘等。本任务采用备份到硬盘,如图 2-11-34 所示,勾选"备份到专用于备份的硬盘"选项。

(10)点击"显示所有可用磁盘"按钮,如图 2-11-35 所示。

(11)选中可用磁盘,再点击"确定"按钮,如图 2-11-36 所示。

(12)勾选添加的磁盘,点击"下一步"按钮,如图 2-11-37 所示。系统会弹出格式化磁盘提示,点击"是"按钮即可,如图 2-11-38 所示。

图 2-11-33　指定备份时间　　　　　图 2-11-34　设置备份存储位置

图 2-11-35　选择目标磁盘　　　　　图 2-11-36　可用磁盘选择

图 2-11-37　选择目标磁盘　　　　　图 2-11-38　格式化磁盘

(13)确认备份计划后,点击"完成"按钮,如图 2-11-39 所示。

(14)等待几分钟后,备份服务配置就完成,如图 2-11-40 所示。

图 2-11-39　确认备份计划　　　　图 2-11-40　备份服务配置结束

3. 恢复 Windows Server 2019 操作系统备份内容

(1)进入 Windows Server 备份窗口,点击左边"本地备份"选项,可以查看本机备份信息。若系统已完成备份任务,先删除 C 盘新建的"备份"文件夹,在完成恢复备份内容后可查看是否恢复成功。如图 2-11-41 所示,点击"恢复"选项。

(2)进入恢复向导,点击"此服务器"选项,再点击"下一步"按钮,如图 2-11-42 所示。

图 2-11-41　Windows Server 备份窗口　　　　图 2-11-42　恢复向导

(3)选择需要恢复的备份日期,选择完成后点击"下一步"按钮,如图 2-11-43 所示。

(4)在选择恢复类型窗口选择"文件和文件夹"选项,再点击"下一步"按钮,如图 2-11-44 所示。

(5)选择 C 盘"备份"文件夹,点击"下一步"按钮,如图 2-11-45 所示。

(6)恢复目标选择"原始位置",在恢复目标中存在时选择"创建副本,使你同时保留两个版本"选项,在安全设置中勾选"还原正在恢复的文件或文件夹的访问控制列表(ACL)权限",如图 2-11-46 所示。

图 2-11-43　恢复备份日期选择　　　　图 2-11-44　选择恢复类型

图 2-11-45　恢复项目选择　　　　图 2-11-46　恢复选项设置

（7）确认恢复内容后点击"恢复"按钮，如图 2-11-47 所示。等待几分钟后恢复完成如图
2-11-48 所示，点击"关闭"按钮即可。

图 2-11-47　恢复确认

图 2-11-48　恢复完成窗口

（8）点击 Windows Server 备份窗口的"本地备份"选项，中间会显示备份成功信息，如图 2-11-49 所示，到此恢复任务完成。可再次进入 C 盘查看，刚刚删除的"备份"文件夹又重新恢复。

图 2-11-49　Windows Server 备份窗口

◆　六、质量自检

序　号	名　　称	完成情况	备　注
1	虚拟机正常运行	□是　□否	
2	操作系统正常运行	□是　□否	
3	安装 Windows Server 备份服务	□是　□否	
4	设置需要备份的文件	□是　□否	
5	虚拟机添加单独磁盘	□是　□否	
6	整理器材与设备	□是　□否	

◈ 七、交付验收

验 收 项 目	验 收 内 容	验 收 情 况
功能	备份 C 盘中以你的姓名命名的文件夹	
	添加用于存储备份的磁盘 20 GB	
性能	设置每日 2 次备份周期	
	测试恢复功能是否正常执行	
程序		
用户手册	Windows Server 备份安装手册	
	Windows Server 备份手册	
	服务器备份日程计划表	

验收人：　　　　　　　　　　　确认人：

◈ 八、课后习题

1. 填空题

(1)数据备份是_____的基础。

(2)网络备份一般通过专业的数据存储管理软件结合相应的_____和_____设备来实现。

(3)数据备份必须要考虑到数据恢复的问题，包括采用_____、_____备份磁带异地存放、关键部件冗余等多种灾难预防措施。

(4)传统的数据备份主要是采用内置或外置的磁带机进行_____。

2. 判断题

(1)远程镜像通过高速光纤通道线路和磁盘控制技术将镜像磁盘延伸到远离生产机的地方，镜像磁盘数据与主磁盘数据完全一致，更新方式为同步或异步。（　　）

(2)远程磁带库、光盘库备份，即将数据传送到远程备份中心制作完整的备份磁带或光盘。（　　）

(3)随着技术的不断发展，数据的海量增加，不少的企业开始采用网络备份。（　　）

(4)Windows Server 2019 可以设置自动备份功能。（　　）

3. 简答题

(1)请简述 Windows Server 2019 备份服务安装流程。

项目3

SQL Server 2019数据库部署

项目目标

- 了解数据库技术
- 掌握 SQL Server 2019 数据库安装方法
- 掌握 SQL Server 2019 数据库配置流程
- 掌握 SQL Server 2019 数据库还原与备份技巧

建议学时

- 8 学时

项目任务

- 任务 1：Microsoft SQL Server 2019 数据库安装与配置
- 任务 2：SQL Server Management Studio 安装与配置
- 任务 3：管理 SQL Server 2019 数据库
- 任务 4：Microsoft SQL Server 2019 数据库备份与还原

学习流程与活动

- 获取任务
- 制订计划
- 安装配置
- 质量自检
- 交付验收

任务 1 Microsoft SQL Server 2019 数据库安装与配置

◆ 一、任务情境描述

数据库是一个按数据结构来存储和管理数据的计算机软件系统。我们平时上网访问的网站、看的在线视频、玩的线上游戏等应用都需要使用数据库进行数据的存储。2020 年全球数据库市场规模为 671 亿美元，其中中国数据库市场规模为 35 亿美元（约合 240.9 亿元人民币），占全球 5.2%；预计到 2025 年我国数据库市场规模将达到 688.02 亿元，2020—2025 年复合增长率为 23.4%，这也标志着我国在数据库领域逐年快速发展，为全球提供更多数据资源。

某企业技术部门已完成公司网站的制作，现需在服务器上安装 SQL Server 2019 数据库，你该如何来完成这项任务呢？

◆ 二、能力目标

能了解数据库基础知识；

能掌握 SQL Server 2019 数据库下载方法；

能掌握 SQL Server 2019 数据库安装步骤。

◆ 三、知识准备

1. 认识数据库

数据库是存放数据的仓库。它的存储空间很大，可以存放百万条、千万条、上亿条数据。数据库是一个按数据结构来存储和管理数据的计算机软件系统，我们平时所说的数据库大多表示数据库管理系统。

数据库管理系统（Database Management System）是一种操纵和管理数据库的大型软件，用于建立、使用和维护数据库，简称 DBMS。它对数据库进行统一的管理和控制，以保证数据库的安全性和完整性。用户通过 DBMS 访问数据库中的数据，数据库管理员也通过 DBMS 进行数据库的维护工作。它可以支持多个应用程序和用户用不同的方法在同时或不同时刻去建立、修改和访问数据库。大部分 DBMS 提供数据定义语言 DDL（Data Definition Language）和数据操作语言 DML（Data Manipulation Language），供用户定义数据库的模式结构与权限约束，实现对数据的追加、删除等操作。

2. 数据库主要功能

（1）数据定义：DBMS 提供数据定义语言 DDL，供用户定义数据库的三级模式结构、两级映像以及完整性约束和保密限制等约束。DDL 主要用于建立、修改数据库的库结构。DDL 所描述的库结构仅仅给出了数据库的框架，数据库的框架信息被存放在数据字典（Data Dictionary）中。

（2）数据操作：DBMS 提供数据操作语言 DML，供用户实现对数据的追加、删除、更新、查询等操作。

（3）数据库的运行管理：数据库的运行管理功能是 DBMS 的运行控制、管理功能，包括多用户环境下的并发控制、安全性检查和存取限制控制、完整性检查和执行、运行日志的组织管理、事务的管理和自动恢复，即保证事务的原子性。这些功能保证了数据库系统的正常运行。

（4）数据组织、存储与管理：DBMS 要分类组织、存储和管理各种数据，包括数据字典、用户数据、存取路径等，需确定以何种文件结构和存取方式在存储级上组织这些数据，如何实现数据之间的联系。数据组织和存储的基本目标是提高存储空间利用率，选择合适的存取方法，提高存取效率。

（5）数据库的保护：数据库中的数据是信息社会的战略资源，所以数据的保护至关重要。DBMS 对数据库的保护通过 4 个方面来实现：数据库的恢复、数据库的并发控制、数据库的完整性控制、数据库的安全性控制。DBMS 的其他保护功能还有系统缓冲区的管理以及数据存储的某些自适应调节机制等。

（6）数据库的维护：这一部分包括数据库的数据载入、转换、转储，数据库的重组和重构以及性能监控等功能，这些功能分别由各个应用程序来完成。

（7）通信：DBMS 具有与操作系统的联机处理、分时系统及远程作业输入的相关接口，负责处理数据的传送。在网络环境下的数据库系统，还包括 DBMS 与网络中其他软件系统的通信功能以及数据库之间的互操作功能。

3.数据库模式

数据模型是信息模型在数据世界中的表示形式。可将数据模型分为三类:层次模型、网状模型和关系模型。

(1)层次模型。

层次模型是一种用树形结构描述实体及其之间关系的数据模型。在这种结构中,每一个记录类型都是用节点表示,记录类型之间的联系则用节点之间的有向线段来表示。每一个双亲节点可以有多个子节点,但是每一个子节点只能有一个双亲节点。这种结构决定了采用层次模型作为数据组织方式的层次数据库系统只能处理一对多的实体联系。

(2)网状模型。

网状模型允许一个节点可以同时拥有多个双亲节点和子节点。因而同层次模型相比,网状结构更具有普遍性,能够直接地描述现实世界的实体。也可以认为层次模型是网状模型的一个特例。

(3)关系模型。

关系模型是采用二维表格结构表达实体类型及实体间联系的数据模型,它的基本假定是所有数据都表示为数学上的关系。SQL Server 是一个关系数据库管理系统。

4.常见的数据库软件

(1)MySQL。

MySQL 是一个快速的、多线程、多用户和健壮的 SQL 数据库服务器。MySQL 服务器支持关键任务、重负载生产系统的使用,也可以将它嵌入一个大配置的软件中去。MySQL 产品标识如图 3-1-1 所示。

图 3-1-1 MySQL 产品

(2)SQL Server。

SQL Server 提供了众多的 Web 和电子商务功能,如对 XML 和 Internet 标准的丰富支持,通过 Web 对数据进行轻松安全的访问,具有强大的、灵活的、基于 Web 的和安全的应用程序管理等。SQL Server 产品标识如图 3-1-2 所示。

(3)Oracle。

Oracle 产品系列齐全,几乎囊括所有应用领域,大型、完善、安全,可以支持多个实例同时运行。Oracle 产品功能齐全,能在大部分主流平台上运行,完全支持大部分的工业标准。Oracle 产品标识如图 3-1-3 所示。

图 3-1-2　SQL Server 产品

图 3-1-3　Oracle 产品

◆　四、制订工作计划

◆　五、任务实施

（1）通过浏览器访问 Microsoft SQL Server 2019 官方网站，点击下载"Developer"版本，如图 3-1-4 所示。下载地址：https://www.microsoft.com/zh-CN/sql-server/sql-server-downloads。注：官网提供两个版本的下载，SQL Server 2019 Developer 是一个全功能免费版本，许可在非生产环境下用作开发和测试数据库；SQL Server 2019 Express 是 SQL Server 的一个免费版本，非常适合用于桌面、Web 和小型服务器应用程序的开发和生产。

（2）运行下载安装包后，点击"自定义"安装模式，如图 3-1-5 所示。

（3）选择语言类型，设置安装位置后，点击"安装"按钮，如图 3-1-6 所示。

图 3-1-4　Microsoft SQL Server 2019 下载页面

图 3-1-5　安装类型选择

图 3-1-6　设置安装位置和语言

（4）保持网络通畅，等待几分钟后即可下载完成，如图 3-1-7 所示。

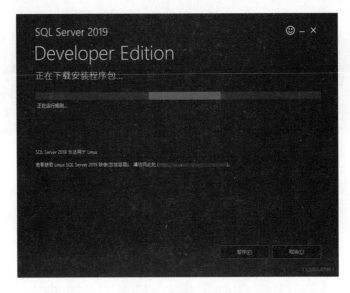

图 3-1-7　下载安装包

（5）进入 SQL Server 安装中心，点击左边"安装"选项，再点击"全新 SQL Server 独立安装或向现有安装添加功能"选项，如图 3-1-8 所示。

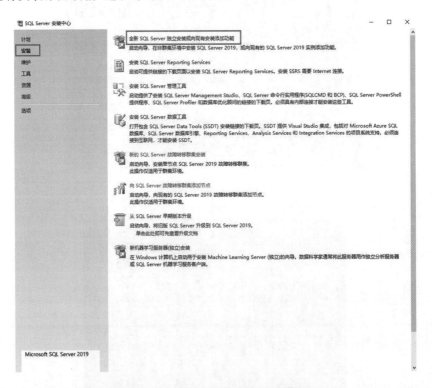

图 3-1-8　SQL Server 安装中心界面

（6）选择指定可用版本"Developer"，再点击"下一步"按钮，如图 3-1-9 所示。

（7）勾选"我接受许可条款"，再点击"下一步"按钮，如图 3-1-10 所示。

图 3-1-9 安装版本选择

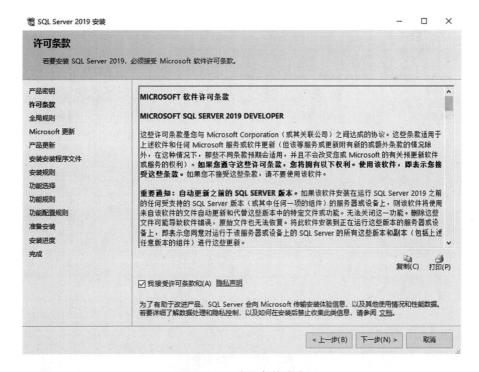

图 3-1-10 许可条款确认

（8）根据企业数据库应用需求设置是否自动检查更新，完成后点击"下一步"按钮，如图 3-1-11 所示。

（9）等待几分钟系统安装检测后，点击"下一步"按钮，如图 3-1-12 所示。

图 3-1-11　自动更新设置

图 3-1-12　系统检测

（10）本任务中需勾选实例功能的"数据库引擎服务"和"SQL Server 复制"选项，如图 3-1-13 所示。若企业数据库应用中还需其他功能，可自行勾选。

（11）勾选"默认实例"选项，在实例 ID 中可填写自定义名称，如图 3-1-14 所示。

图 3-1-13　功能选择

图 3-1-14　实例配置

（12）设置服务账户启动类型，本任务为默认类型，直接点击"下一步"按钮，如图 3-1-15 所示。

（13）选择身份验证模式为"混合模式"，设置 SQL Server 系统管理员密码，再点击"添加当前用户"按钮，把系统登录账户添加到 SQL Server 管理员中，如图 3-1-16 所示。完成后点

图 3-1-15 服务器配置

击"下一步"按钮。注：SQL Server 管理员账户默认为 sa，密码为刚设置的密码，后续登录此
数据库需输入该用户信息。

图 3-1-16 数据库引擎配置

（14）确认安装内容无误后，点击"安装"按钮，如图 3-1-17 所示。

（15）等待几分钟后，系统显示安装功能状态，点击"关闭"按钮，完成 SQL Server 2019 安
装与配置任务，如图 3-1-18 所示。

图 3-1-17　准 备 安 装

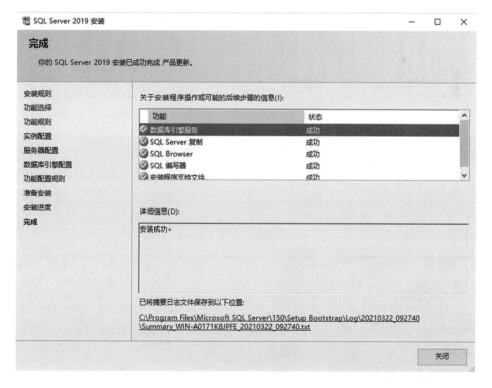

图 3-1-18　安 装 成 功

◆ 六、质量自检

序　号	名　　称	完成情况	备　注
1	虚拟机正常运行	□是　□否	
2	操作系统正常运行	□是　□否	
3	下载 SQL Server 2019 安装文件	□是　□否	
4	安装 SQL Server 2019	□是　□否	
5	清理软件安装包	□是　□否	
6	整理器材与设备	□是　□否	

◆ 七、交付验收

验收项目	验收内容	验收情况
功能	安装 SQL Server 2019 在 C 盘 SQL 文件夹中	
性能		
程序	SQL Server 2019 安装文件	
用户手册	SQL Server 2019 安装配置手册	

验收人：　　　　　　　　　　　确认人：

◆ 八、课后习题

1. 填空题

(1)数据库是存放＿＿＿＿＿＿＿＿的仓库。

(2)数据库管理系统是一种＿＿＿＿＿＿＿和＿＿＿＿＿＿＿＿＿的大型软件。

(3)DBMS 提供数据定义语言＿＿＿＿＿＿＿和数据操作语言＿＿＿＿＿＿＿。

(4)数据库中的数据是＿＿＿＿＿＿＿的战略资源。

(5)数据模型分为三类：＿＿＿＿＿＿＿、＿＿＿＿＿＿＿和＿＿＿＿＿＿＿。

(6)关系模型关系模型是采用＿＿＿＿＿＿＿结构表达实体类型及实体间联系的数据模型。

2. 判断题

(1)MySQL 是一个快速的、多线程、多用户和健壮的 SQL 数据库服务器。（　　）

(2)SQL Server 提供了众多的 Web 和电子商务功能。（　　）

(3)层次模型是一种用树形结构描述实体及其之间关系的数据模型。（　　）

(4)在网络环境下的数据库系统,还包括 DBMS 与网络中其他软件系统的通信功能以及数据库之间的互操作功能。（　　）

(5)数据库的维护包括数据库的数据载入、转换、转储,数据库的重组和重构以及性能监控等功能,这些功能分别由各个应用程序来完成。（　　）

3. 简答题

(1)请简述 DBMS 提供的保护数据的功能。

任务 2　**SQL Server Management Studio 安装与配置**

◆　一、任务情境描述

SQL Server Management Studio 是一个集成环境,用于访问、配置、管理和开发 SQL Server 的所有组件。当 SQL Server 2019 安装成功后,还需要通过更加方便的图形用户界面平台进行 SQL Server 2019 数据库应用和管理工作。你需要完成 SQL Server Management Studio 的安装配置任务。

◆　二、能力目标

- 能掌握下载 SQL Server Management Studio 方法;
- 能掌握安装 SQL Server Management Studio 步骤;
- 能掌握配置 SQL Server Management Studio 技巧。

◆　三、知识准备

SQL Server Management Studio (SSMS)是一个集成环境,用于访问、配置、管理和开发 SQL Server 的所有组件。SQL Server Management Studio 组合了大量图形工具和丰富的脚本编辑器,使各种技术水平的开发人员和管理员都能访问 SQL Server。例如 Reporting Services、Integration Services 和 SQL Server Compact 3.5 SP1。开发人员可以获得熟悉的体验,而数据库管理员可获得功能齐全的单一实用工具,其中包含易于使用的图形工具和丰富的脚本撰写功能。本任务编写时 SSMS 18.8 是 SSMS 的最新正式发布（GA）版本。

◆　四、制订工作计划

◆　五、任务实施

1. 下载安装 SQL Server Management Studio

（1）进入 SQL Server Management Studio 官方网站，点击下载 SSMS 软件，如图 3-2-1 所示。下载地址：https://docs. microsoft. com/zh-cn/sql/ssms/download-sql-server-management-studio-ssms? view=sql-server-ver15。

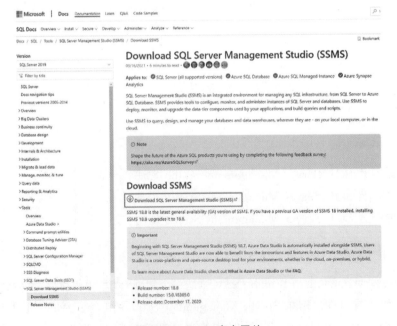

图 3-2-1　SSMS 官方网站

（2）运行下载的安装包文件，配置安装路径，完成后点击"安装"按钮，如图 3-2-2 所示。

（3）安装过程需要等待几分钟，如图 3-2-3 所示。

（4）出现如图 3-2-4 所示界面，就顺利完成 SQL Server Management Studio 安装任务。

图 3-2-2　软件安装路径设置

图 3-2-3　安装过程

图 3-2-4　完成安装

2. 配置 SQL Server Management Studio

（1）点击开始菜单，选择"Microsoft SQL Server Management Studio"应用程序，如图 3-2-5 所示。

图 3-2-5　启动 SSMS

（2）进入 SQL Server Management Studio 启动界面，如图 3-2-6 所示。

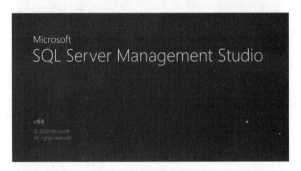

图 3-2-6　SSMS 启动界面

（3）选择身份验证菜单中的"SQL Server 身份验证"，如图 3-2-7 所示。注：若 SSMS 连接网络中的数据库服务器，需在服务器名称这里填写数据库服务器名称或 IP 地址。

图 3-2-7　登录身份验证设置

（4）输入登录名 sa 和安装时设置的密码，如图 3-2-8 所示。

图 3-2-8　登录用户填写

（5）验证通过后进入 SQL Server Management Studio 软件管理界面，如图 3-2-9 所示。

图 3-2-9　SSMS 软件界面

（6）选中 SSMS 软件左边对象资源管理器窗口中的数据库服务器名称，点击鼠标右键，再选择"属性"选项，如图 3-2-10 所示。

图 3-2-10　数据库属性查看

(7)进入服务器属性窗口,可以在左边选择页点击需要查看或修改的内容,如图 3-2-11 所示。默认进入"常规"选项页,此页面可以查看本机数据库基础信息参数。

图 3-2-11　服务器属性常规页

(8)点击选择页中的"内存"选项,可以调整最小服务器内存和最大服务器内存数据,如图 3-2-12 所示。

图 3-2-12　服务器属性内存页

(9)点击选择页中的"安全性"选项,可以设置数据库服务器身份验证方式和登录审核方式,如图 3-2-13 所示。

图 3-2-13　服务器属性安全性页

（10）点击选择页中的"连接"选项,可以设置连接数据库的最大数目和远程服务器连接参数,如图 3-2-14 所示。

图 3-2-14　服务器属性连接页

（11）点击选择页中的"数据库设置"选项,可以设置备份和还原参数、恢复间隔时间等,如图 3-2-15 所示。

图 3-2-15　服务器属性数据库设置页

（12）点击选择页中的"高级"选项，可以设置数据库的连接、网络等参数，如图 3-2-16所示。

图 3-2-16　服务器属性高级页

（13）点击选择页中的"权限"选项，可以设置用户操作数据库的权限，如图 3-2-17 所示。

图 3-2-17　服务器属性权限页

◆　六、质量自检

序　　号	名　　　　称	完 成 情 况	备　　注
1	虚拟机正常运行	□是　　□否	
2	操作系统正常运行	□是　　□否	
3	下载 SSMS 安装包	□是　　□否	
4	安装运行 SSMS 软件	□是　　□否	
5	清理软件安装包	□是　　□否	
6	整理器材与设备	□是　　□否	

◆　七、交付验收

验 收 项 目	验 收 内 容	验 收 情 况
功能	通过 SSMS 连接 SQL Server 数据库	
性能		

续表

验 收 项 目	验 收 内 容	验 收 情 况
程序	SSMS 安装包	
用户手册	SSMS 安装手册	
	SSMS 配置手册	

验收人：　　　　　　　　　　确认人：

任务3 **管理 SQL Server 2019 数据库**

◆　一、任务情境描述

完成 SQL Server 2019 数据库安装和 SQL Server Management Studio 安装后，现在就可以对数据库进行管理工作。某企业技术部完成了软件需求分析设置，目前需要你进行数据库创建工作，你该如何来完成此项任务呢？

◆　二、能力目标

- 能掌握用图形化方式创建数据库；
- 能掌握用 SQL 命令方式创建数据库。

◆　三、知识准备

1. 认识 SQL

结构化查询语言（Structured Query Language）简称 SQL，是一种特殊目的的编程语言，是一种数据库查询和程序设计语言，用于存取数据以及查询、更新和管理关系数据库系统。

结构化查询语言是高级的非过程化编程语言，允许用户在高层数据结构上工作。它不要求用户指定对数据的存放方法，也不需要用户了解具体的数据存放方式，所以具有完全不同底层结构的不同数据库系统，可以使用相同的结构化查询语言作为数据输入与管理的接口。结构化查询语言语句可以嵌套，这使它具有极大的灵活性和强大的功能。

2. SQL 基本功能

SQL 具有数据定义、数据操纵和数据控制的功能。

（1）SQL 数据定义功能：能够定义数据库的三级模式结构，即外模式、全局模式和内模式结构。在 SQL 中，外模式又叫作视图（View），全局模式简称模式（Schema），内模式由系统根据数据库模式自动实现，一般无须用户过问。

（2）SQL 数据操纵功能：包括对基本表和视图的数据插入、删除和修改，特别是具有很强的数据查询功能。

（3）SQL 数据控制功能：主要是对用户的访问权限加以控制，以保证系统的安全性。

3. SQL 结构

结构化查询语言包含 6 个部分：

（1）数据查询语言（DQL），其语句也称为"数据检索语句"，用以从表中获得数据，确定数据怎样在应用程序给出。保留字 SELECT 是 DQL 用得最多的动词，其他 DQL 常用的保留字有 WHERE、ORDER BY、GROUP BY 和 HAVING。这些 DQL 保留字常与其他类型的 SQL 语句一起使用。

（2）数据操作语言（DML），其语句包括动词 INSERT、UPDATE 和 DELETE，它们分别用于添加、修改和删除。

（3）事务控制语言（TCL），它的语句能确保被 DML 语句影响的表的所有行及时得以更新。包括 COMMIT（提交）命令、SAVEPOINT（保存点）命令、ROLLBACK（回滚）命令。

（4）数据控制语言（DCL），它的语句通过 GRANT 或 REVOKE 实现权限控制，确定单个用户和用户组对数据库对象的访问。某些 RDBMS 可用 GRANT 或 REVOKE 控制对表单个列的访问。

（5）数据定义语言（DDL），其语句包括动词 CREATE、ALTER 和 DROP。在数据库中创建新表或修改、删除表（CREATE TABLE 或 DROP TABLE）；为表加入索引等。

（6）指针控制语言（CCL），它的语句用于对一个或多个表单独行的操作。

◆ 四、制订工作计划

◆ 五、任务实施

1. 图像可视化方式管理数据库

（1）点击开始菜单，选择"Microsoft SQL Server Management Studio"应用程序，如图 3-3-1 所示。

（2）选择身份验证菜单中的"SQL Server 身份验证"，如图 3-3-2 所示。注：若 SSMS 连

图 3-3-1　SSMS 应用程序

接网络中的数据库服务器，需在服务器名称这里填写数据库服务器名称或 IP 地址。

图 3-3-2　登录身份验证设置

（3）输入登录名 sa 和安装时设置的密码，如图 3-3-3 所示。

图 3-3-3　登录用户填写

（4）选中左边数据库，点击鼠标右键，选择"新建数据库"选项，如图 3-3-4 所示。

图 3-3-4　数据库新建选项

（5）进入新建数据库窗口，填写数据库名称，如图 3-3-5 所示。此窗口还可以设置新建的数据库所有者和数据库初始参数等数据。完成后点击"确定"按钮。

图 3-3-5　数据库新建窗口

（6）完成新建后刚创建的数据库自动添加到对象资源管理器窗口中，如图 3-3-6 所示。

（7）若还需修改已创建的数据库参数，可以选中要修改的数据库名称，再点击鼠标右键，选择"属性"选项，如图 3-3-7 所示。

图 3-3-6　数据库创建成功　　　图 3-3-7　修改数据库参数

（8）进入数据库属性窗口，可以再次修改需要更改的参数，完成后点击"确定"按钮，如图 3-3-8 所示。

图 3-3-8　数据库属性窗口

（9）若需要删除创建的数据库，可以先选中需要删除的数据库名称，点击鼠标右键，再选择"删除"选项，如图 3-3-9 所示。弹出删除对象窗口，可以看到正在删除的数据库基本信息，当确认无误后点击"确定"按钮即可删除，如图 3-3-10 所示。

图 3-3-9　删除数据库选项

图 3-3-10　删除数据库

2. SQL 语句命令方式管理数据库

（1）除了可以采用图形化方式创建数据库外，还可以通过 SQL 语句方式创建数据库。进入 SSMS 界面，点击"新建查询"选项，如图 3-3-11 所示。

（2）输入 SQL 语句代码，如图 3-3-12 所示。create database 代表创建数据库，DB_02 表示数据库名称，filename 表示存放位置，size 表示数据库初始空间，maxsize 表示最大容量，filegrowth 表示每次递增容量，log on 表示创建系统日志。注：由于指定了存储路径，代码填写完成后需要在 C 盘根目录下创建 DB 文件夹用于存放数据。

（3）代码输入完成后，点击窗口中的"分析"按钮，如图 3-3-13 所示。SSMS 会自动分析代码是否有语法等错误信息，在下方的结果面板中显示相关信息。

图 3-3-11   新建查询操作

```
create database DB_02
on primary (
name = 'DB_02',
filename = 'c:\DB\DB_02.mdf',
size = 10mb,
maxsize = 100mb,
filegrowth = 5mb
)
log on(
name = 'DB_02_log',
filename = 'c:\DB\DB_02_log.ldf',
size = 10mb,
maxsize = 100mb,
filegrowth = 5mb
)
```

图 3-3-12   SQL 语句创建数据库

```
create database DB_02
on primary (
name = 'DB_02',
filename = 'c:\DB\DB_02.mdf',
size = 10mb,
maxsize = 100mb,
filegrowth = 5mb
)
log on(
name = 'DB_02_log',
filename = 'c:\DB\DB_02_log.ldf',
size = 10mb,
maxsize = 100mb,
filegrowth = 5mb
)
```

命令已成功完成。

完成时间: 2021-03-23T09:41:03.0010471+08:00

图 3-3-13   分析 SQL 语句

（4）系统分析代码无误后，点击窗口的"执行"按钮，如图 3-3-14 所示。SSMS 会在下方消息窗口中显示相关信息提示。

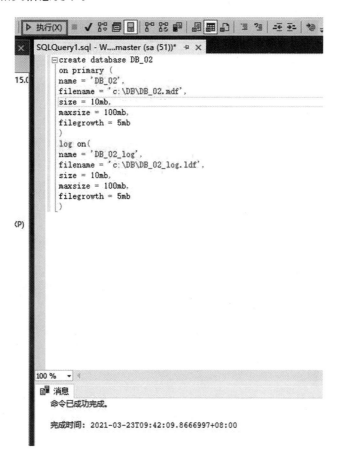

图 3-3-14   执行 SQL 语句

（5）再选中数据库，点击右键，选择"刷新"选项，如图 3-3-15 所示，刚创建的数据库信息将显示出来，如图 3-3-16 所示。

图 3-3-15   刷新数据库

图 3-3-16　SQL 语句创建数据库

（6）若要查看刚刚新建的数据库信息，可以输入图 3-3-17 中的 SQL 代码进行查看。

图 3-3-17　数据库参数查看

（7）输入完成后点击"分析"按钮，如图 3-3-18 所示。分析成功后再点击"执行"按钮即可。从结果中可以查看 DB_02 数据库的基本参数信息，如图 3-3-19 所示。

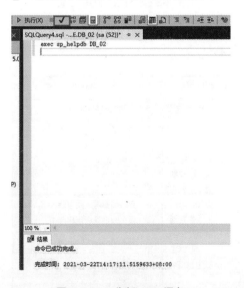

图 3-3-18　分析 SQL 语句

（8）若需要修改数据库名，可输入图 3-3-20 中的 SQL 代码，把 DB_02 更改为 DB_002，完成后点击"分析"按钮，系统检查无误后再点击"执行"按钮。完成后可通过"新建查询"输

图 3-3-19　显示执行 SQL 语句结果

入 exec sp_helpdb DB_002 命令查看更改信息。

图 3-3-20　SQL 命令修改数据库名

(9)若要修改存储大小,可通过 alter SQL 代码进行操作。点击"新建查询"按钮,输入 SQL 代码,如图 3-3-21 所示,完成后点击"分析"按钮,系统提示无误后再点击"执行"按钮。

图 3-3-21　SQL 语句修改存储参数

(10)若要删除数据库,可以使用 drop SQL 代码进行操作。点击"新建查询"按钮,输入 SQL 代码,如图 3-3-22 所示,完成后点击"分析"按钮,系统提示无误后再点击"执行"按钮,最后刷新数据库后刚删除的数据库被清除。

图 3-3-22　SQL 语句删除数据库

◆　六、质量自检

序　　号	名　　　　称	完 成 情 况	备　　注
1	虚拟机正常运行	□是　　□否	
2	操作系统正常运行	□是　　□否	
3	图形化方式管理数据库	□是　　□否	
4	SQL 语句方式管理数据库	□是　　□否	
5	清理软件安装包	□是　　□否	
6	整理器材与设备	□是　　□否	

◆　七、交付验收

验 收 项 目	验 收 内 容	验 收 情 况
功能	通过图形化方式新建 DB_学号数据库	
	通过 SQL 语句方式新建 DB_姓名数据库	
性能	设置数据库递增空间 6 MB	
程序		

续表

验 收 项 目	验 收 内 容	验 收 情 况
用户手册	图形化方式管理数据库手册	
	SQL 语句方式管理数据库手册	

验收人：　　　　　　　　　　确认人：

◆ 八、课后习题

1.填空题

(1)结构化查询语言简称＿＿＿＿＿＿＿。

(2)结构化查询语言是高级的非过程化编程语言,允许用户在＿＿＿＿＿＿＿＿上工作。

(3)结构化查询语言语句可以嵌套,这使它具有极大的＿＿＿＿＿＿和强大的功能。

(4)SQL 具有＿＿＿＿＿＿、＿＿＿＿＿＿和＿＿＿＿＿＿的功能。

2.判断题

(1)SQL 数据定义功能能够定义数据库的三级模式结构。(　　　)

(2)数据查询语言也称为数据检索语言。(　　　)

(3)数据定义语言其语句包括动词 CREATE、ALTER 和 DROP。(　　　)

(4)SQL 数据操纵功能包括对基本表和视图的数据插入、删除和修改,特别是具有很强的数据查询功能。(　　　)

3.简答题

(1)通过 SQL 语句创建 HELLO 数据库。

(2)通过 SQL 语句删除 HELLO 数据库。

任务 4 **Microsoft SQL Server 2019 数据库备份与还原**

◆ 一、任务情境描述

随着办公自动化和电子商务的飞速发展,企业对信息系统的依赖性越来越高,数据库作为信息系统的核心担当着重要的角色。尤其在一些对数据可靠性要求很高的行业,如银行、证券、电信等,如果发生意外停机或数据丢失,其损失会十分惨重。为此企业运维部门安排你去完成数据库的备份配置任务,你该如何完成呢?

◆ 二、能力目标

• 能掌握 Microsoft SQL Server 2019 数据库备份配置方法;

• 能掌握 Microsoft SQL Server 2019 数据库还原操作方式。

◆ 三、知识准备

1. 认识数据库备份

随着办公自动化和电子商务的飞速发展,企业对信息系统的依赖性越来越高,数据库作为信息系统的核心担当着重要的角色。尤其在一些对数据可靠性要求很高的行业,如银行、证券、电信等,如果发生意外停机或数据丢失,其损失会十分惨重。为此,数据库管理员应针对具体的业务要求制定详细的数据库备份与灾难恢复策略,并通过模拟故障对每种可能的情况进行严格测试,只有这样才能保证数据的高可用性。数据库的备份是一个长期的过程,而恢复只在发生事故后进行,恢复可以看作是备份的逆过程,恢复的程度的好坏很大程度上依赖于备份的情况。此外,数据库管理员在恢复时采取的步骤正确与否也直接影响最终的恢复结果。

2. 数据库备份类型

按照备份数据库的大小,数据库备份有四种类型,分别应用于不同的场合,下面简要介绍一下。

(1)完全备份。

这是大多数人常用的方式,它可以备份整个数据库,包含用户表、系统表、索引、视图和存储过程等所有数据库对象。但它需要花费更多的时间和空间,所以,一般推荐一周做一次完全备份。

(2)事务日志备份。

事务日志是一个单独的文件,它记录数据库的改变,备份的时候只需要复制自上次备份以来对数据库所做的改变,所以只需要很少的时间。为了使数据库具有鲁棒性,推荐每小时甚至更频繁地备份事务日志。

(3)差异备份。

差异备份也叫增量备份。它是只备份数据库一部分的另一种方法,它不使用事务日志,相反,它使用整个数据库的一种新映象。它比最初的完全备份小,因为它只包含自上次完全备份以来所改变的数据库。它的优点是存储和恢复速度快。推荐每天做一次差异备份。

(4)文件备份。

数据库可以由硬盘上的许多文件构成。如果这个数据库非常大,并且一个晚上也不能将它备份完,那么可以使用文件备份每晚备份数据库的一部分。由于一般情况下数据库不会大到必须使用多个文件存储,所以这种备份不是很常用。

按照数据库的状态,数据库备份可分为三种:

(1)冷备份,此时数据库处于关闭状态,能够较好地保证数据库的完整性。

(2)热备份,数据库正处于运行状态,这种方法依赖于数据库的日志文件进行备份。

(3)逻辑备份,使用软件从数据库中提取数据并将结果写到一个文件上。

◆ 四、制订工作计划

◆ 五、任务实施

1. Microsoft SQL Server 2019 数据库备份配置

（1）点击开始菜单，选择"Microsoft SQL Server Management Studio"应用程序，如图 3-4-1 所示。

（2）选择身份验证菜单中的"SQLServer 身份验证"，如图 3-4-2 所示。注：若 SSMS 连接网络中的数据库服务器，需在服务器名称这里填写数据库服务器名称或 IP 地址。

图 3-4-1 SSMS 应用程序   图 3-4-2 登录身份验证设置

（3）输入登录名 sa 和安装时设置的密码，如图 3-4-3 所示。

（4）新建数据库，命名为备份与还原。选中数据库，点击鼠标右键，选择"任务"，再点击"备份"选项，如图 3-4-4 所示。新建数据库步骤可参考本项目任务 3。

图 3-4-3　登录用户填写

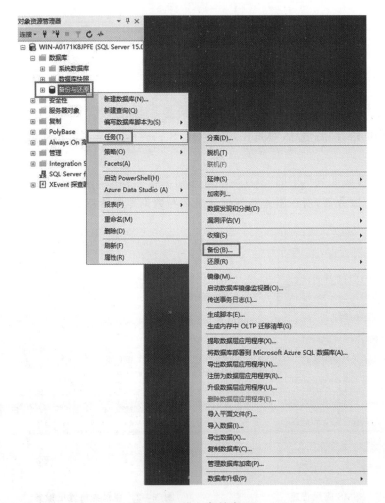

图 3-4-4　进入备份窗口

（5）进入备份数据库窗口，选择备份类型"完整"，备份组件选择"数据库"，如图 3-4-5 所示。

（6）在备份到选项中选择"磁盘"选项，如图 3-4-6 所示。

图 3-4-5　备份类型选择

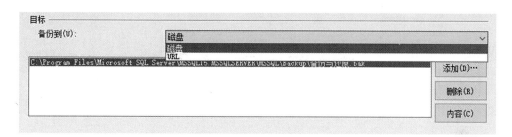

图 3-4-6　备份到类型选择

（7）在 C 盘根目录下新建"备份"文件夹，回到备份窗口中点击"添加"按钮，在"选择备份目标"窗口中勾选"文件名"并点击路径框，弹出"定位数据库文件"窗口时指向路径为 C 盘备份文件夹，再填写文件名信息，如图 3-4-7 所示。

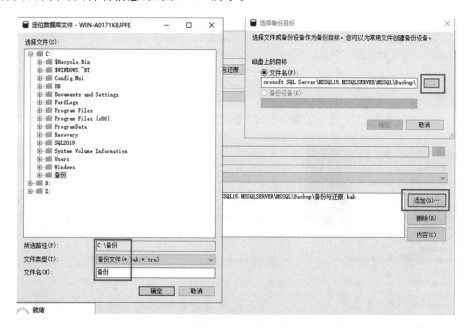

图 3-4-7　备份路径设置

（8）完成后回到备份数据库窗口，如图 3-4-8 所示，再点击"确定"按钮。系统会提示备份完成情况，如图 3-4-9 所示。

（9）进入 C 盘新建的备份文件夹中，可以查看刚刚备份的数据文件，如图 3-4-10 所示。到此数据库备份任务结束。

图 3-4-8　备份数据库窗口

图 3-4-9　备份提示窗口

图 3-4-10　备份文件生成

图 3-4-11　删除数据库选项

2. Microsoft SQL Server 2019 数据库恢复配置

（1）为了检验数据库还原是否正常执行，先删除刚备份的数据库。选中备份与还原数据库，点击鼠标右键，选择"删除"选项，如图 3-4-11 所示。在弹出的删除对象窗口中，选择需要删除的数据库，点击"确定"按钮，如图 3-4-12 所示。

（2）选择系统数据库后点击鼠标右键选择"还原数据库"选项，如图 3-4-13 所示。

（3）在还原数据库窗口勾选"设备"选项，再点击路径框，弹出选择备份设备窗口后点击"添加"按钮，如图 3-4-14 所示。

（4）选择 C 盘中备份文件夹，找到刚刚生成的备份文件，若文件夹中未出现备份数据，可在下方显示文件

图 3-4-12　删除确认窗口

图 3-4-13　进入还原数据库窗口

类型菜单中选择"所有文件",如图 3-4-15 所示,完成后点击"确定"按钮。

（5）勾选要还原的备份集中的备份信息,如图 3-4-16 所示。再点击"确定"按钮,系统会提示还原状态信息,如图 3-4-17 所示。

（6）回到 SSMS 界面,刷新数据库后可看到刚还原的数据库信息,如图 3-4-18 所示,到此还原数据库任务结束。

图 3-4-14　备份设置

图 3-4-15　备份文件选项

图 3-4-16　备份内容选择

图 3-4-17 还原成功提示

对象资源管理器

连接▾ ♥ ™♥ ■ ▼ ♂ ⚡

☐ 🗄 WIN-A0171K8JPFE (SQL Server 15.0
  ☐ 📁 数据库
    ⊞ 📁 系统数据库
    ⊞ 📁 数据库快照
    ⊞ 🗄 备份与还原
  ⊞ 📁 安全性
  ⊞ 📁 服务器对象
  ⊞ 📁 复制
  ⊞ 📁 PolyBase
  ⊞ 📁 Always On 高可用性
  ⊞ 📁 管理
  ⊞ 📁 Integration Services 目录
     SQL Server 代理(已禁用代理 XP)
  ⊞ 📄 XEvent 探查器

图 3-4-18 生成还原数据库

六、质量自检

序　号	名　　称	完 成 情 况	备　　注
1	虚拟机正常运行	☐是　☐否	
2	操作系统正常运行	☐是　☐否	
3	备份数据库正常运行	☐是　☐否	
4	还原数据库正常运行	☐是　☐否	
5	清理软件安装包	☐是　☐否	
6	整理器材与设备	☐是　☐否	

◆ 七、交付验收

验 收 项 目	验 收 内 容	验 收 情 况
功能	创建"姓名"数据库	
	备份"姓名"数据库	
	还原"姓名"数据库	
性能		
程序		
用户手册	数据库备份配置手册	
	数据库还原配置手册	

验收人：　　　　　　　　　　　　　确认人：